Nebenberuflich selbstständig

Steuern, Recht, Finanzierung, Marketing

2. Auflage, Mai 2014, 8.000–13.000 Exemplare
© Verbraucherzentrale NRW, Düsseldorf

ISBN 978-3-86336-049-8
Printed in Germany

Gedruckt auf 100 % Recyclingpapier

Vorwort

Millionen Bundesbürgerinnen und Bundesbürger gehen nebenberuflich einer selbstständigen Tätigkeit nach. Jahr für Jahr baut sich rund eine halbe Million Menschen in Deutschland ein zweites Standbein auf, so die Schätzungen der Förderbank KfW.

Die Bandbreite der Geschäftsideen ist ebenso breit wie die Palette der Gründe, die zur Selbstständigkeit im Nebenjob motivieren. Zu finden sind Arbeitnehmer, die mit dem Zusatzeinkommen ihren Lohn aufbessern, ebenso wie Studenten, die begleitend zum Studium bereits ihre Geschäftsideen verwirklichen, oder Menschen in der beruflichen Erziehungspause, die von zu Hause aus arbeiten und so noch etwas Geld in die Familienkasse einbringen.

Vor allem in kreativen Berufen, Dienstleistung und Handel blüht das nebenberufliche Kleingewerbe. Ob Lokalreporter für die Tageszeitung, Webdesigner, Kunsthandwerker, Hausmeister oder Betreiber eines Onlineshops: Für viele Qualifikationen und Talente gibt es einen Weg, mit einer Teilzeit-Existenzgründung noch etwas Geld hinzuzuverdienen.

Allerdings ist es nicht damit getan, einfach loszulegen und auf Kunden zu warten. Auch Kleinunternehmer, die nur wenige Hundert Euro Umsatz pro Monat machen, müssen ihr Geschäft solide finanzieren und kalkulieren, damit nach Abzug der Kosten auch Gewinn übrig bleibt. Ebenso stellt sich die Frage nach den Vorschriften für die Buchführung, Haftung und Sozialversicherung gleichermaßen wie die Frage nach der Einordnung als Freiberufler oder Gewerbetreibender. Und wie die „Großen" müssen auch nebenberuflich Selbstständige mit effizienter Werbung auf sich aufmerksam machen und nach dem Verkaufserfolg sicherstellen, dass der Kunde die Rechnung bezahlt.

Auch befinden sich Nebenjobunternehmer immer wieder im Visier von unseriösen Geschäftemachern, die ihre Opfer mit der Aussicht auf schnelle Gewinne in die finanzielle Falle locken. So mancher Existenzgründer musste dabei nicht nur teures Lehrgeld zahlen, sondern auch feststellen, dass er sich mit vermeintlich lukrativen Dienstleistungen sogar strafbar gemacht hat.

Dieser Ratgeber gibt den nebenberuflichen Kleinunternehmern praktische Ratschläge an die Hand, erläutert die rechtlichen Rahmenbedingungen und warnt vor Fallen und schwarzen Schafen. Hier finden Gründungswillige Hilfe, wenn es darum geht, Erfolg versprechende Geschäftsmodelle zu finden und sie möglichst pannenfrei in die Tat umzusetzen.

Geschäftsarten für Nebenjobunternehmer

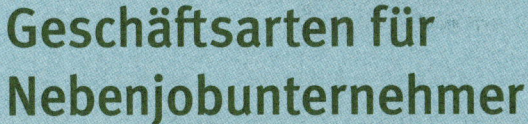

Die nachfolgende Auflistung an Geschäftsideen soll Sie als kleine Ideensammlung bei der Überlegung unterstützen, wie Sie Ihre beruflichen Qualifikationen oder Ihre Talente und Fähigkeiten in einer nebenberuflichen Existenzgründung zur Geltung bringen können. Der Schwerpunkt liegt auf Geschäftsideen, die sich mit minimalem Startkapital und geringen laufenden Kosten realisieren lassen.

Dienstleistungen

Wenn Haushalte und Unternehmen externe Unterstützung benötigen, dann schlägt die Stunde der Dienstleister. Je nach Berufsausbildung können sie nebenberuflich viele Leistungen auf selbstständiger Basis anbieten.

Beginnen wir mit den Leistungen für Privathaushalte, die nach Feierabend, zwischendurch oder am Wochenende angeboten werden können.

■ **Alltagshilfe für Senioren:** Ob Besorgungen erledigen oder Unterstützung bei Haus- und Gartenarbeiten – Senioren nehmen vor allem dann gern Dienste gegen Bezahlung in Anspruch, wenn die Angehörigen weit weg wohnen oder zu wenig Zeit für sie haben. Aufgepasst: Pflegeleistungen können Sie nicht ohne Weiteres anbieten, denn das dürfen nur eigens dafür zugelassene Pflegedienste.

■ **Nachhilfe und Weiterbildung:** Die Nachhilfe ist ein klassisches Segment der studentischen Nebenjobs mit dem positiven Nebeneffekt, dass sich beim Erklären der Materie das eigene Wissen weiter verfestigt. Mit entsprechenden Fähigkeiten können Sie auch persönliche Hilfe oder Schulungen für Erwachsene anbieten, beispielsweise für den Umgang mit dem Computer oder das Lernen von Fremdsprachen. Die Kooperation mit der Volkshochschule bietet sich hier häufig an, weil die Volkshochschule die Teilnehmer gewinnt und damit den freiberuflichen Dozenten organisatorisch entlastet.

■ **Hausmeisterdienste:** Vor allem bei kleineren Mehrfamilienhäusern gibt es immer wieder Nachfrage nach externen Hausmeistern, wenn sich dazu keiner der Mitbewohner bereit erklärt. Auf Stundenbasis oder gegen ein Pauschalhonorar übernimmt dieser dann Aufgaben wie die Pflege der Außenanlagen und Gemeinschaftsräume oder den

Schneeräumdienst im Winter. Nicht durchführen darf ein Hausmeister Arbeiten, die nur ein Fachhandwerker erledigen darf, wie etwa Elektro- und Gasinstallation.

- **Hausverwaltung:** Bei Mehrfamilienhäusern ist eine professionelle Hausverwaltung erforderlich, die sämtliche Nebenkosten korrekt auf die einzelnen Parteien umlegt und die Eigentümerversammlung durchführt. Kleine Wohnanlagen lassen sich auch nebenberuflich verwalten – allerdings sollte hier Fachwissen vorhanden sein, idealerweise in Form eines Berufsabschlusses als Immobilienkaufmann/-frau.

Deutlich vielfältigere Möglichkeiten als in den privaten Haushalten gibt es für Dienstleister, deren Zielgruppe Unternehmen sind. Vor allem kleinere Betriebe sind oft dankbar, wenn sie Aufgaben nach außen delegieren können, die vom Inhaber oder den Mitarbeitern nur ungern so nebenbei erledigt werden.

- **Sekretariatsservice:** Das ist eine Leistung, die insbesondere von kleinen Handwerksunternehmen gern in Anspruch genommen wird – vor allem dann, wenn der Inhaber mit den Büroprogrammen des Computers auf Kriegsfuß steht und innerhalb der Familie keine fachliche Unterstützung hat. Angebote, Rechnungen, Mahnungen und Geschäftsbriefe schreiben sind die typischen Aufgaben.

- **Buchführung:** Die Buchführung sowie die Lohn- und Gehaltsabrechnung sind ebenfalls eine gern genutzte und häufig angebotene Dienstleistung für kleinere Unternehmen. Wichtig sind dabei die fachliche Qualifikation und die eigene Weiterbildung, da sich die gesetzlichen Rahmenbedingungen zuweilen im Jahresrhythmus ändern. Unabdingbar ist eine solide kaufmännische Ausbildung – und auch dann ist Vorsicht angebracht: Einige Tätigkeitsfelder dürfen nur vom Steuerberater beackert werden und die unerlaubte Durchführung solcher Arbeiten durch Anbieter ohne entsprechende Zulassung kann empfindliche Bußgelder nach sich ziehen.

- **Computerservice:** Hier tun sich gerade für diejenigen Marktchancen auf, die Kleinunternehmen im Fokus haben. Die Möglichkeiten reichen vom Computerworkshop für Mitarbeiter über die Softwareinstallation und Updatepflege bis hin zur Netzwerkeinrichtung und -betreuung. Voraussetzung sind natürlich fundierte IT-Kenntnisse und die Fähigkeit, bei unvorhergesehenen Situationen auch mal zu improvisieren, damit das Unternehmen handlungsfähig bleibt.

- **Unternehmensberatung und Training:** Wenn Sie über spezifische Fachkenntnisse verfügen, können Sie diese mit Beratungs- oder Trainingsangeboten auch nebenberuflich zu barem Geld machen.

- **Fahrradkurierdienst:** Für sportliche Studenten in Großstädten ist das ein beliebtes Mittel zur Mitfinanzierung des Studiums. Wichtig ist, dass Sie einen festen Kundenstamm haben, der immer wieder auf Sie zukommt, und zeitlich flexibel sind. Allerdings zeigt die hohe Unfallquote, dass der Job nicht ganz ungefährlich ist.

Handwerkerleistungen ohne Meisterbrief

Lange Zeit galten in Deutschland strenge Regeln, wenn es um das Angebot von Handwerkerleistungen ging – ohne Meisterbrief durfte sich kaum jemand selbstständig machen. Dies wurde in den vergangenen Jahren deutlich gelockert, sodass vor allem einfachere Arbeiten auch von Handwerksgesellen oder von handwerklich geschickten Menschen mit anderer Berufsausbildung angeboten werden können. Klar: In sensiblen Bereichen wie Elektro-, Gas- und Wasserinstallation oder Heizungsbau gilt die Meisterpflicht ebenso wie für Maurer, Gerüstbauer oder Kfz-Techniker. Als „befähigt" anerkannt werden in den meisten dieser Berufe auch Gesellen, die eine mehrjährige Berufserfahrung vorweisen können. Doch in vielen Berufszweigen ist dies nicht mehr der Fall, wobei es häufig gewisse Abstufungen gibt. So darf jedermann den Einbau von fertigen Bauteilen wie Türen oder Regalen anbieten – aber als „Tischlerwerkstatt" darf nur der Meister oder langjährige Geselle firmieren.

 Tipp: In die Handwerksordnung schauen

Das Maß aller Dinge in der Frage, wer seine Leistungen anbieten darf und wer nicht, ist die Handwerksordnung. Dort sind in der Anlage A die Berufe aufgeführt, bei denen der „Große Befähigungsnachweis" für die Existenzgründung erforderlich ist. In der Anlage B finden Sie die Berufe, die Sie ohne längere Berufserfahrung oder gar als fachfremder Anbieter selbstständig ausführen dürfen.

Hier nun ein paar Ideen, wie handwerklich begabte Existenzgründer auch nebenberuflich etwas hinzuverdienen können.

■ **Handwerkerleistungen im Bausektor:** Bei einfachen Arbeiten, die insbesondere auf die Sicherheit der Bewohner keine Auswirkungen haben, spricht in aller Regel nichts gegen eine Existenzgründung. Insbesondere bei der Renovierung bieten sich einige Einsatzgebiete an, wie beispielsweise der Einbau von nichttragenden Zwischenwänden oder Raumteilern im Trockenbau, das Verlegen von Bodenbelägen, das Verlegen von Kabeln ohne den Anschluss an das Stromnetz, der Zusammenbau von Möbeln oder das Verfugen von Badezimmern. Zu überwiegenden Teilen gilt dabei: Was der Heimwerker selbst machen darf, kann auch ohne Meisterbrief als Dienstleistung angeboten werden.

■ **Reparaturdienste:** Fahrradreparaturen können – sofern nicht auch Mofas oder Motorräder repariert werden – üblicherweise ohne Meisterbrief durchgeführt werden. Auch die Reparatur von PCs oder die Restaurierung alter Möbel können problemlos ohne Meisterbrief nebenberuflich angeboten werden.

■ **Arbeiten rund ums Grundstück:** Typische Gartenarbeiten wie Rasenmähen, das Schneiden von Hecken und Bäumen oder der Abtransport von Schnittgut unterliegen keinen Einschränkungen. Für alle, die gern an der frischen Luft arbeiten und einen „grünen Daumen" haben, kann das ein nebenberufliches Standbein sein. Genügend Startkapital für eine solide Ausrüstung sollte jedoch eingeplant werden.

Kreative Berufe und Kunsthandwerk

Künstlerische Freiheit gibt es nicht nur in der Interpretation des Metiers, sondern auch in der Regulierung. In vielen kreativen Berufen dürfen Sie Ihre Leistungen und Werke als selbstständiger Künstler oder selbstständige Künstlerin anbieten, ohne dass es Probleme mit eventuell fehlenden Zulassungen gibt. Dabei müssen Sie jedoch aufpassen, dass Sie nicht im Metier der handwerklichen Berufe „wildern" und Verwechslungen verursachen.

Beispiel

Nur ein ausgebildeter Fotograf darf sich als solcher bezeichnen, während „Fotokunst" oder „Fotodesign" als Leistungsbezeichnung von jedermann verwendet werden kann. Genauso geschützt ist auch der „Schreiner" oder „Tischler", während „Holzkunst" eine unproblematische Firmierung darstellt.

■ **Kunsthandwerk:** Schon viele haben versucht, sich mit Kunsthandwerk jeglicher Couleur ein zweites Standbein aufzubauen – manche haben ihr Ziel erreicht, andere nicht. Chancenreich sind immer ausgefallene Ideen, die in hoher Qualität umgesetzt werden. Natürlich gehört auch die richtige Verkaufsstrategie dazu. Ein eigener Stand auf Hobby- oder Weihnachtsmärkten ist in diesem Metier praktisch unerlässlich, um auf sich aufmerksam zu machen und einen Kundenstamm aufzubauen.

■ **Schreiben:** Hier geht es weniger um die Veröffentlichung von Romanen oder Gedichten, denn nur eine verschwindend geringe Minderheit der Autoren schafft es, sich in der Verlags- und Buchhandelsszene zu etablieren. Doch wer Berufserfahrung als Journalist oder Werbetexter mitbringt, kann auch nebenberuflich immer mal wieder Aufträge an Land ziehen – seien es Fachartikel für Industriebetriebe, PR-Texte für regional tätige Unternehmen oder die Überarbeitung von Werbebriefen und Geschäftskorrespondenz.

■ **Grafik und Gestaltung:** Auch hier bieten sich vor allem für Studenten einschlägiger Fachrichtungen Möglichkeiten der nebenberuflichen Selbstständigkeit. Besonders kleinere und mittelständische Unternehmen mit knappen Werbeetats sind froh, die Gestaltung von Flyern oder Internetseiten zu günstigen Honoraren einem nebenberuflich tätigen Anbieter übertragen zu können.

Handel und Reisegewerbe

Im Handel sind die Möglichkeiten für nebenberufliche Gründer begrenzt, denn die Eröffnung eines Fachgeschäfts oder Großhandelsunternehmens erfordert hohe Anfangsinvestitionen. Chancen für die Gründung im Nebenjob bieten exotische Produkte, die beispielsweise über einen Onlineshop verkauft werden – das spart hohe Mietkosten für ein Ladengeschäft.

Eine weitere Möglichkeit für die Selbstständigkeit ohne eigene Geschäftsräume ist das sogenannte Reisegewerbe. Was in dieser Form alles angeboten werden kann, zeigt sich beim Rundgang auf einem Markt, dem typischen Verkaufsort der Reisegewerbetreibenden. Zu finden sind dort nicht nur Handel- oder Handwerksprodukte, sondern auch Dienstleistungen, kulinarische Spezialitäten und vieles mehr.

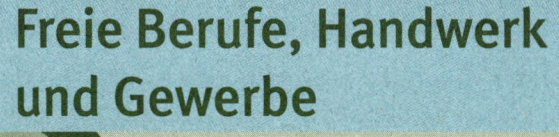

Freie Berufe, Handwerk und Gewerbe

Je nachdem, in welchem Metier Sie sich selbstständig machen, gelten unterschiedliche gesetzliche und standesrechtliche Regularien. So dürfen Sie sich zum Beispiel weder haupt- noch nebenberuflich als Steuerberater oder Rechtsanwalt selbstständig machen, wenn Sie die dafür notwendige Zulassung nicht vorweisen können. Vor Ihrer Existenzgründung sollten Sie sich also darüber im Klaren sein, welche berufsrechtlichen Spielregeln zu berücksichtigen sind.

Wer freiberuflich selbstständig sein darf

Die Selbstständigkeit als Freiberufler bringt vor allem für Vollerwerbsgründer einige Vorteile mit sich: Die Tätigkeit ist nicht gewerbesteuerpflichtig, es muss kein Gewerbe angemeldet werden und die Mitgliedschaft in der Industrie- und Handelskammer (IHK) ist ebenfalls nicht erforderlich.

[ ] **Tipp: Nach Möglichkeit als Freiberufler firmieren**

Zwar gelten für Nebenerwerbs-Selbstständige mit niedrigen Umsätzen und Gewinnen auch im Gewerbebetrieb gewisse Privilegien bei Gewerbesteuer und IHK-Mitgliedschaft, doch wenn Sie sich offenhalten wollen, Ihre Selbstständigkeit einmal zum Vollzeitjob auszubauen, dann ist – wenn Sie die Wahl haben – der Start als Freiberufler von Vorteil.

Dabei hat das Finanzamt ein gewichtiges Wort mitzureden, denn dort wird entschieden, ob Vater Staat Sie als Freiberufler akzeptiert. Wenn Sie bestimmten Berufsgruppen wie Rechtsanwälten, Ärzten oder Künstlern angehören, ist das kein Problem, weil das die sogenannten Katalogberufe sind. Diese Berufe sind sogar gesetzlich in Paragraf 18 des Einkommensteuergesetzes (EStG) aufgelistet. Darin heißt es im Wortlaut:

„Zu der freiberuflichen Tätigkeit gehören die selbstständig ausgeübte wissenschaftliche, künstlerische, schriftstellerische, unterrichtende oder erzieherische Tätigkeit, die selbstständige Berufstätigkeit der Ärzte, Zahnärzte, Tierärzte, Rechtsanwälte, Notare, Patentanwälte, Vermessungsingenieure, Ingenieure, Architekten, Handelschemiker, Wirtschaftsprüfer, Steuerberater, beratenden Volks- und Betriebswirte, vereidigten Buchprüfer, Steuerbevollmächtigten, Heilpraktiker, Dentisten, Krankengymnasten, Journalisten, Bildberichterstatter, Dolmetscher, Übersetzer, Lotsen und ähnlicher Berufe."

Dann gibt es noch ähnliche Berufe, bei denen die Einstufung als Freiberufler ebenfalls problemlos möglich ist. Das sind Berufe, die zwar nicht explizit in der gesetzlichen Liste aufgeführt sind, aber mit einem der dort benannten Berufe große Ähnlichkeit aufweisen. Lässt sich Ihr ausgeübter Beruf nicht eindeutig zuordnen, haben sich in einschlägigen Gerichtsurteilen drei Kriterien herauskristallisiert, die einen freien Beruf kennzeichnen:

- **Dienstleistung:** Ein freier Beruf ist fast immer eine Dienstleistung. Serienproduktion und Warenhandel sind hingegen K.-o.-Kriterien.

- **Bildung und Begabung:** Ein freier Beruf erfordert entweder eine Hochschulausbildung oder eine besondere schöpferische Begabung. Das heißt konkret: Ein Freiberufler ist entweder Akademiker oder kreativ-künstlerisch tätig.

- **Persönliche Leistung:** Ein Freiberufler erwirtschaftet seinen Gewinn größtenteils aus seiner persönlichen Leistung und übernimmt für jeden Auftrag die ganze Verantwortung. Eine Grafikerin, die selbst nur noch auf Kundenakquise geht und ihre angestellten Grafiker designen lässt, ist demzufolge keine Freiberuflerin mehr.

Allerdings lösen sich die Grenzen zwischen den Berufsbildern immer mehr auf. Grafiker bieten Komplettproduktionen inklusive Satz und Druck an, Softwareingenieure bringen ihre Programme selbst auf den Markt und Berater vermitteln Produkte und Leistungen von Dritten. In solchen Fällen greifen wieder die oben genannten Abgrenzungsmerkmale: Ist ein IT-Freelancer freiberuflich in der hoch qualifizierten Entwicklung tätig oder übernimmt er gewerbliche Routineprogrammierarbeiten? Überwiegt bei Komplettangeboten von Grafikern oder Webdesignern die kreative Leistung oder die gewerbliche Dienstleistung und Produktion?

Zu guter Letzt gibt es noch die Mischfälle, und das wiederum in zwei Varianten. Wenn Ihre freiberufliche und Ihre gewerbliche Tätigkeit nichts miteinander zu tun haben, können Sie getrennte Gewinnrechnungen machen und werden nur für den gewerblichen Einkommensanteil gewerbesteuerpflichtig. Das ist etwa der Fall, wenn Sie Werbetexter sind und nebenbei noch ein Reisebüro betreiben. Dann gibt es jedoch die bereits genannten Komplettangebote – und hier wird Gewerbesteuer auf den gesamten Umsatz kassiert, wenn die gewerbliche Komponente den Hauptanteil ausmacht.

Handwerk: Meisterpflicht, Innung und Handwerkskammer

Wie schon im vorhergehenden Kapitel angesprochen, kann die Existenzgründung in manchen Handwerkstätigkeiten den „Großen Befähigungsnachweis" erfordern – im Volksmund ist dies als „Meisterpflicht" bekannt.

[ ] Tipp: Auch ein Geselle kann die Meisterpflicht erfüllen

Bei der Meisterpflicht gibt es auch Ausnahmeregelungen, beispielsweise für Handwerksgesellen mit langjähriger Berufserfahrung: In einigen der zulassungspflichtigen Handwerksberufe können sich auch Gesellen mit mindestens sechs Jahren Berufserfahrung selbstständig machen, ohne den Meisterbrief erwerben zu müssen.

Wie bereits erwähnt, sind die Anlagen A und B zur Handwerksordnung das Maß aller Dinge, wenn es um die Frage geht, ob Sie für Ihre handwerkliche Existenzgründung einen Meisterbrief oder eine vergleichbare Qualifikation vorweisen müssen.

Die Standesvertretung der Handwerker gliedert sich in zwei Organisationen: die Innungen und die Handwerkskammern.

Die Innungen sind in aller Regel auf Landkreisebene organisiert und sehen es als ihre Kernaufgabe, die Fachinteressen
der angeschlossenen Handwerksunternehmen nach außen
zu vertreten, Meisterkurse und andere Fortbildungen anzubieten sowie im Rahmen des dualen Ausbildungssystems
die praktischen Prüfungen der Handwerksgesellen abzuneh-
men. Üblicherweise gibt es für jede Berufsgruppe eine eigene Innung. Die Mitgliedschaft ist für den einzelnen Betrieb
freiwillig.

Die Handwerkskammern vertreten alle Handwerksunternehmen – unabhängig davon, ob es sich um zulassungs-
pflichtige oder zulassungsfreie Berufe handelt. Daher sind
alle Handwerksunternehmen Pflichtmitglied in der für sie
zuständigen Handwerkskammer. Wie hoch der Beitrag ist,
hängt von der einzelnen Kammer ab, da jede Handwerkskammer in ihrer eigenen Beitragsordnung die Beiträge fest-
legt. Generell gilt jedoch: Miniunternehmen, deren Jahresgewinn unter 5.200 Euro liegt, sind von der Beitragszahlung
befreit.

IHK-Mitgliedschaft

Auch wenn Sie sich mit Ihrer Geschäftsidee weder als Indus-
trieproduzent noch als Handelsunternehmen positionieren,
ist es ziemlich wahrscheinlich, dass Sie die Pflichtmitgliedschaft in der Industrie- und Handelskammer (IHK) erfüllen
müssen. Der Begriff „Pflichtmitgliedschaft" ist dabei wört-
lich zu verstehen, denn Sie können nicht nach Belieben ein-
oder austreten. Ausschlaggebend für das Bestehen einer
Pflichtmitgliedschaft bei der IHK ist die Frage, ob Sie ein
Gewerbe angemeldet haben. Falls ja, dann lässt Sie die IHK
nur ziehen, wenn Sie Mitglied der Handwerkskammer sind
und ausschließlich handwerkliche Leistungen anbieten.

Es kann dazu kommen, dass sogar eine Doppelmitglied-
schaft in Handwerkskammer und IHK fällig wird – nämlich
beispielsweise dann, wenn Sie sowohl handwerkliche als
auch andere Leistungen anbieten. Das kann der Fall sein,
wenn Sie eine Fahrradwerkstatt betreiben und gleichzeitig
auch mit neuen und gebrauchten Rädern handeln. Dann ist
für die Werkstatt die Handwerkskammer und für das Han-
delsgeschäft die IHK zuständig. Generell gilt: Handwerks-
ähnliche Mischbetriebe gehören auf jeden Fall der IHK an.
Wenn der Handwerksumsatz überwiegt, dann gilt eine Dop-
pelmitgliedschaft in Handwerkskammer und IHK.

Die Höhe der Beiträge richtet sich nach dem Unternehmens-
gewinn und wird von den regionalen Kammern individuell
festgelegt. Ähnlich wie bei der Handwerkskammer gibt es
auch hier eine Ausnahmeregelung: Natürliche Personen
und nicht im Handelsregister eingetragene Personengesell-
schaften sind beitragsfreie Mitglieder, sofern der jährliche
Ertrag niedriger als 5.200 Euro ist. Auch Existenzgründer
bleiben für zwei Jahre beitragsfrei, wenn sie erstmals selbstständig tätig werden und der Ertrag unter 25.000 Euro liegt.

So funktioniert die Gewerbeanmeldung

Wenn Sie eine gewerbliche Tätigkeit beginnen, dann müssen Sie dieses Gewerbe auch anmelden. Ausschlaggebend
ist die sogenannte Gewinnerzielungsabsicht: In dem Moment, in dem Sie planen, mit Ihrer Tätigkeit auch einmal
Gewinn zu machen, wird aus dem Hobby ein Gewerbe.
Entscheidend ist dabei nicht der Zeitpunkt, ab dem Gewinne
anfallen, sondern der Entschluss, die Tätigkeit zum finanziellen Standbein auszubauen.

Vorteil dieser Interpretation ist, dass Ihnen eine gewisse
Flexibilität beim Zeitpunkt der Anmeldung bleibt. Damit
brauchen Sie nicht zu befürchten, wegen ein paar Wochen

Verspätung bei der Anmeldung ein Bußgeld berappen zu müssen.

Wie schon erwähnt, ist die Anmeldung eines Gewerbebetriebs nicht erforderlich, wenn Sie sich mit einer freiberuflichen Tätigkeit selbstständig machen. Auch die sogenannte Urproduktion stellt kein Gewerbe dar. Dazu zählen insbesondere landwirtschaftliche Aktivitäten wie Ackerbau, Gemüseanbau, Tierzucht oder Forstwirtschaft.

Für die Anmeldung des Gewerbes ist die Kommunalverwaltung des Orts zuständig, in dem Sie Ihr Gewerbe ausüben. Bei der nebenberuflichen Existenzgründung ist das in aller Regel die Gemeinde- oder Stadtverwaltung Ihres Wohnorts. Die Anmeldung müssen Sie als Inhaber selbst durchführen, in der Regel ist das mit einem Gang aufs Rathaus verbunden.

 Tipp: Gewerbe online anmelden

Manche Kommunen ermöglichen inzwischen auch die Online-Gewerbeanmeldung. Damit können Sie sich den Gang aufs Rathaus sparen und die Formulare bequem am Computer ausfüllen.

Mit der Gewerbeanmeldung setzen Sie nun den Amtsschimmel in Gang, denn die Kommunalverwaltung leitet die Anmeldung noch an eine ganze Reihe weiterer öffentlicher Verwaltungsstellen weiter, nämlich an:

- das Finanzamt, das damit automatisch von Ihrer Gründung erfährt,
- die Industrie- und Handelskammer,
- die Handwerkskammer,
- die Bundesagentur für Arbeit,
- den Hauptverband der gewerblichen Berufsgenossenschaften,

- die Allgemeine Ortskrankenkasse für den Einzug der Sozialversicherungsbeiträge von Mitarbeitern,
- das Statistische Landesamt,
- das Registergericht, soweit es sich um die Abmeldung einer im Handels- oder Genossenschaftsregister einge-tragenen Haupt- oder Zweigniederlassung handelt,
- die Landesbehörde für Immissionsschutz sowie für den technischen und sozialen Arbeitsschutz und
- das Eichamt.

Teilweise wird die Anmeldung nur auszugsweise weiterge-geben. Auch brauchen Sie in vielen Fällen vor allem als Mini-betrieb nicht mit einem erhöhten Aufkommen an Korrespon-denz mit Vater Staat zu rechnen. So ist etwa die Anmeldung für das Eichamt nur dann relevant, wenn Sie bestimmte Geräte einsetzen, die dessen Kontrolle unterliegen – das wäre beispielsweise die Zapfsäule an der Tankstelle oder der Taxameter im Taxi.

Grundsätzlich herrscht in Deutschland Gewerbefreiheit. Deshalb sind bei Tätigkeiten, die weder mit besonderen Ge-fahren für Mensch und Umwelt verbunden sind noch sich in einer rechtlichen Grauzone bewegen oder gar verboten sind, Probleme bei der Gewerbeanmeldung nicht zu erwarten. Die Behörde hat drei Monate Zeit, um die Anmeldung zu prüfen und zu genehmigen. Wenn Sie nach Ablauf von drei Monaten keinen Bescheid erhalten, gilt die Anmeldung automatisch als genehmigt.

Ihre Geschäftsräume: Was Sie beachten sollten

Um ein Gewerbe auszuüben, brauchen Sie die notwendigen Räume. Der Raumbedarf mag zwar beim nebenberuflichen Gewerbe gering sein – aber ganz ohne Geschäftsräume geht es nicht. Dabei ist es wichtig zu wissen, unter welchen Umständen private Wohnräume oder Nebenräume wie Garage und Hobbyraum problemlos umfunktioniert werden können.

> **! Vorsicht**
>
> Ein wichtiges baurechtliches Kriterium ist die Frage, ob ursprünglich als Wohnraum vorgesehener und als solcher auch genehmigter Raum auf einmal einer gewerblichen Nutzung dienen soll. In vielen Städten gibt es hierzu sogenannte Zweckentfremdungsverordnungen, die jedoch nicht immer einheitlich gestaltet sind.

Eine eindeutige Zweckentfremdung liegt vor, wenn zum Beispiel eine Wohnung komplett in eine Produktionswerkstätte umgebaut wird. Liegt dafür keine ausdrückliche Baugenehmigung vor, dann ist Ärger in Form von Bußgeld und gegebenenfalls dem zwangsweise angeordneten Rückbau praktisch programmiert.

Kulanter sind in aller Regel die Rahmenbedingungen gefasst, wenn der Wohnraum auch weiterhin überwiegend Wohnzwecken dient und nur ein kleiner Teil davon die gewerbliche Existenz beheimatet. Zusätzlich von Vorteil ist es in diesem Fall, wenn Sie ausschließlich selbst in Ihrer Wohnung arbeiten und hier keine Arbeitnehmer beschäftigen. Allgemein lässt sich festhalten: Je weniger Lärm und andere Emissionen Sie verursachen und je weniger Publikumsverkehr Sie haben, umso größer ist die Wahrscheinlichkeit, dass das Bauamt die teilweise gewerbliche Nutzung des Wohnraums ohne weitere Auflagen durchwinkt.

Auch Nutzungen, die keine Zweckentfremdung darstellen, müssen von der Bauaufsichtsbehörde genehmigt werden. Befindet sich Ihr Haus in einem reinen Wohngebiet, dann gelten meist strengere Auflagen als für sogenannte Mischgebiete. Grundsätzlich ist in Ersteren nur die Ausübung eines freien Berufs, nicht aber eines Gewerbes erlaubt.

Ausnahmen gelten jedoch für Branchen, die als „nicht störendes" Gewerbe eingeordnet werden. Dazu zählen beispielsweise Finanzvermittlung oder das Anbieten von IT-Dienstleistungen in Form von Kleinunternehmen.

[ ] **Tipp: Frühzeitig das Bauamt informieren**

Weil die Regelungen nicht überall einheitlich sind und teilweise auch ein gewisser Ermessensspielraum besteht, empfiehlt sich der frühzeitige Kontakt zu dem für Ihren Wohnort zuständigen Bauamt. Schildern Sie dort so realistisch wie möglich Ihr Vorhaben und überlegen Sie bei Bedarf schon vorher, wie Sie eventuelle Beeinträchtigungen für die Nachbarschaft auf ein absolutes Minimum reduzieren können. Selbst auf die Gefahr hin, dass Ihr Vorhaben abgelehnt wird, ist das immer noch die bessere Alternative als das klammheimliche Beginnen mit der Arbeit – wenn dann ein verärgerter Nachbar die Aufsichtsbehörde informiert, kann es für Sie teuer werden.

Unter Umständen kann es vorkommen, dass Ihnen die Entsorgungsbehörde einen zusätzlichen Müllgebührenbescheid ins Haus schickt, weil die Sachbearbeiter davon ausgehen, dass Sie als Gewerbetreibender mehr Müll produzieren als ein privater Haushalt. Wenn Sie jedoch glaubhaft machen können, dass Ihr Müllaufkommen durch die Existenzgründung nicht steigt, dann lässt sich ein solcher Bescheid auch schnell wieder rückgängig machen.

Wenn Sie Ihr Gewerbe im eigenen Haus betreiben, ist das Prozedere in Bezug auf die Raumnutzung für Sie an dieser Stelle beendet. Anders hingegen, wenn Sie Eigentümer einer Wohnung sind – hier hat nämlich die Eigentümergemeinschaft noch ein Wörtchen mitzureden.

Im Grunde greifen hier ähnliche Kriterien wie in baurechtlicher Hinsicht: Kritisch wird es bei starkem Publikumsverkehr, ausschließlicher Nutzung einer Wohnung zu gewerblichen Zwecken und der Beschäftigung von Arbeitnehmern.

> **Beispiel**
>
> Beim Publikumsverkehr hat sich als Faustregel eingebürgert, dass durchschnittlich drei bis vier Besuche pro Tag unbedenklich sind. Das Anbringen eines Firmenschilds am Haus oder an der Klingelanlage bedarf hingegen der Zustimmung aller weiteren Eigentümerparteien.

Auch als Mieter sind Sie nicht immer der alleinige Entscheider, wenn es um die Ausübung gewerblicher Tätigkeiten im Wohnraum geht. Hier gelten im Prinzip dieselben Kriterien wie bei der Zustimmung der Eigentümergemeinschaft von Mehrfamilienhäusern.

Gänzlich verbieten kann Ihnen der Vermieter die gewerbliche Tätigkeit in der Wohnung übrigens nicht. Unabhängig davon, ob Sie angestellt oder selbstständig sind, ist es nämlich erlaubt, in der Wohnung auch zu arbeiten – wobei wie bei den bisherigen Konstellationen der Schwerpunkt auf dem Wort „auch" liegt. Die gewerbliche Nutzung der Wohnung in diesem Rahmen ist nach einer Entscheidung des Bundesgerichtshofs vom 14.7.2009 (Az. VIII ZR 165/08) sogar dann erlaubt, wenn der Mietvertrag eine Nutzung „zu anderen als Wohnzwecken" ausdrücklich untersagt.

Hier noch ein paar weitere einschlägige Urteile:

- Das Einrichten einer Ecke im Schlafzimmer für Computer- und Buchhaltungsarbeiten ist kein unerlaubter gewerblicher Gebrauch der Wohnung (Landgericht Frankfurt/ Main, 28.7.1995, Az. 2/17 S 42/95).
- Das Betreuen von fünf Kindern täglich als Tagesmutter gegen Entgelt muss dem Vermieter zur Genehmigung vorgelegt werden (Landgericht Berlin, 6.7.1992, Az. 61 S 56/92).
- Die Einrichtung eines Ingenieurbüros in der Wohnung mitsamt dem Anbringen eines Firmenschildes bedarf der

Genehmigung des Vermieters (Landgericht Schwerin, 4.5.1995, Az. 6 S 96/94).

■ Bei Mehrfamilienhäusern gilt: Bezogen auf das ganze Haus darf in Wohngebieten maximal die Hälfte der Wohnfläche als Bürofläche genutzt werden – das gilt nicht nur für Gewerbetreibende, sondern auch für Freiberufler (Bundesverwaltungsgericht, 18.5.2001, Az. 4 C 8/00).

[ ] Tipp: Den Vermieter informieren

Es ist in jedem Fall empfehlenswert, den Vermieter über eine nebenberufliche Existenzgründung zu informieren. Auch wenn Sie juristisch dazu nicht verpflichtet sind, ist das Spielen mit offenen Karten dem Verhältnis zwischen beiden Vertragsparteien immer zuträglich.

Sonderregelungen gelten, wenn Sie als Musiker selbstständig sind oder in Ihrer Wohnung Musikunterricht erteilen. Zunächst einmal fällt das Musizieren unter die freie Persönlichkeitsentfaltung und darf nicht grundsätzlich verboten werden. Andererseits muss der Nachbar auch nicht hinnehmen, zu unüblichen Zeiten von Musikübungen belästigt zu werden.

In Mehrfamilienhäusern kann daher das Erteilen von Musikunterricht an Sonn- und Feiertagen, an Werktagen nach 19 Uhr und an Samstagen nach 17 Uhr durch die Hausordnung oder einen Beschluss der Eigentümerversammlung ganz untersagt werden. Außerdem ist es möglich, vom Musiker in zumutbarem Umfang schalldämmende Maßnahmen zu verlangen – dazu zählt beispielsweise das Platzieren des Klaviers auf Gummiklötze oder das Abrücken des Klaviers von der Wand.

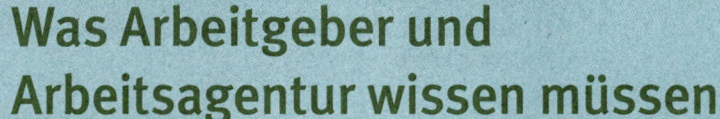

Was Arbeitgeber und Arbeitsagentur wissen müssen

Wenn Sie bei der Ausübung Ihrer selbstständigen Tätigkeit weder berufstätig sind noch Sozialleistungen in Form von Arbeitslosen-, Kranken- oder Elterngeld beziehen, dann müssen Sie Ihre Tätigkeit von niemandem genehmigen lassen – zum Beispiel als Studentin oder Student.

Für Arbeitnehmer und diejenigen, die staatliche Leistungen in Form von Arbeitslosen-, Kranken- oder Elterngeld beziehen, kann es bei der Existenzgründung aber zu Konflikten kommen.

Als Arbeitnehmer nebenbei selbstständig: Geht das?

Wer sich als Arbeitnehmer mit dem Schritt in die Selbstständigkeit ein zweites finanzielles Standbein schaffen will, fragt sich häufig, ob ihm der Arbeitgeber dies verwehren darf. Immerhin, so die gängige Vorstellung, hat der Arbeitgeber mit einem Vollzeitanstellungsvertrag sozusagen das „Exklusivrecht" auf die Arbeitsleistung seines Angestellten.

Das stimmt zwar – doch die uneingeschränkte Leistungsbereitschaft für den Arbeitgeber gilt zunächst einmal nur für die vereinbarte Arbeitszeit. Was in der Freizeit geschieht, unterliegt dem vom Grundgesetz geschützten Recht auf freie Berufsausübung.

Allerdings gibt es auch hier wieder gewisse Einschränkungen. Kritisch wird es nämlich dann, wenn durch die nebenberufliche Selbstständigkeit die Abläufe im Hauptberuf beeinträchtigt werden.

! Wichtig

Der Arbeitnehmer muss sicherstellen, dass er während seiner Arbeitszeit in vollem Umfang leistungsbereit ist. Ob dem so ist, hängt selbstverständlich vom jeweiligen Fall ab und muss individuell entschieden werden. Sicherlich sind Sie in Ihrer Leistungsfähigkeit nicht eingeschränkt, wenn Sie nebenbei noch einen kleinen Onlineshop betreiben und nach Feierabend ein paar Pakete zur Post bringen oder wenn Sie an Samstagen die Buchhaltung für Ihre privaten Kunden erledigen. In Konflikt kommen Sie jedoch mit diesem Anspruch, wenn Sie in Ihrer Selbstständigkeit die halbe Nacht unterwegs sind und dadurch Ihre Produktivität beim Arbeitgeber spürbar sinkt.

Ein weiteres mögliches Konfliktfeld sind in dieser Hinsicht Urlaubs- und Krankheitszeiten. Der Urlaub soll laut Gesetz dazu dienen, dass Sie sich von Ihrer Arbeit erholen und hinterher wieder die volle Leistung bringen können. Wenn Sie nun zwei Wochen Urlaub nehmen, um als nebenberuflich selbstständiger Handwerker auf eine Großbaustelle arbeiten zu können, würden Sie Ihren Urlaub missbrauchen und damit sozusagen den Arbeitgeber schädigen, weil Sie sich möglicherweise bei der Arbeit vom stressigen Urlaub „erholen" müssen. Gesetzlich geregelt ist allerdings nur der bezahlte Urlaub, während unbezahlter Urlaub immer eine individuelle Vereinbarung zwischen Arbeitgeber und Arbeitnehmer ist. Daher gibt es bei Letzterem keine „gesetzliche Erholungspflicht".

! Vorsicht

Rigide sind in diesem Zusammenhang die Regelungen zu Krankheitszeiten, in denen die Genesung absoluten Vorrang vor allem anderen hat. Egal ob Sie nur ein paar Tage krank sind oder wegen längerer Krankheit von der Krankenkasse Krankengeld beziehen: In dieser Phase muss auch jegliche selbstständige Aktivität ruhen. Wer sich nicht daran hält, muss mit der fristlosen Kündigung rechnen.

Abgesehen von der Beeinträchtigung Ihrer Leistungsfähigkeit kann es einen weiteren Aspekt geben, der die nebenberufliche Selbstständigkeit verhindert: die direkte Konkurrenz zu Ihrem Arbeitgeber. Immerhin darf Ihr Chef zu Recht von Ihnen erwarten, dass Sie ihm nicht hinter seinem Rücken Kunden abspenstig machen. Das wäre jedoch beispielsweise der Fall, wenn Sie in einem Gartenbauunternehmen arbeiten und an den Wochenenden auf eigene Rechnung für Ihre Privatkunden Hecken schneiden und Bäume pflanzen. Gleiches würde für den angestellten Webdesigner gelten, der nach Feierabend zum günstigen Tarif die Kunden bedient, die sonst eigentlich zu seinem Arbeitgeber kommen würden.

Hier gibt es natürlich auch eine gewisse Grauzone. So kann es schon vorkommen, dass Sie zwar dieselbe Leistung wie Ihr Arbeitgeber anbieten, aber eine ganz andere Zielgruppe ansprechen. Um beim vorigen Beispiel zu bleiben, könnte ein Webdesigner in einer großen Agentur arbeiten, die ausschließlich Großunternehmen betreut. Wenn er sich dann in seiner nebenberuflichen Selbstständigkeit auf die Gestaltung von Internetseiten für Kleinbetriebe beschränkt, dann würde kein Konflikt mit den Interessen des Arbeitgebers entstehen.

Eine Sonderregelung gilt für Beamte, die sich nebenberuflich selbstständig machen wollen. Hier ist nämlich generell vor dem Start in die Selbstständigkeit die Erlaubnis der Dienststelle einzuholen. Verbieten kann der Dienstherr jedoch die selbstständige Nebentätigkeit nur, wenn durch eine zeitliche Überlastung die Dienstfähigkeit beeinträchtigt wird oder wenn der Gegenstand der nebenberuflichen Tätigkeit den hoheitlichen Interessen entgegensteht.

[ ] Tipp: Den Arbeitgeber informieren

Auch wenn Sie nicht von vornherein dazu verpflichtet sind, sollten Sie Ihren Arbeitgeber über die Aufnahme einer nebenberuflichen Selbstständigkeit informieren. Vor allem dann, wenn dieselbe Leistung einer ganz anderen Zielgruppe angeboten wird, kann ein klärendes Gespräch im Vorfeld späteren Ärger vermeiden.

Selbstständigkeit in der Elternzeit

Durch die Regelungen zu Elternzeit und -geld wurden Anfang 2007 die bis dahin geltenden Gesetze zum Erziehungsurlaub abgelöst. Seitdem können Eltern bis zu 14 Monate lang beruflich pausieren, um sich dem Wohl des neugeborenen Kindes widmen zu können. In dieser Zeit sieht der Gesetzgeber die Zahlung von Elterngeld vor.

Die Höhe dieser Leistung richtet sich nach dem bisherigen
monatlichen Durchschnittsnettoeinkommen. Das Elterngeld beträgt mindestens 300 Euro pro Monat und je nach
Höhe des bisherigen Einkommens werden davon 65 bis
100 Prozent weitergezahlt. Die Obergrenze liegt bei 1.800 Euro
pro Monat.

Während des Bezugs von Elterngeld ist eine selbstständige
oder nicht selbstständige Teilzeitarbeit erlaubt, sofern nicht
mehr als 30 Stunden pro Woche gearbeitet wird. Allerdings
werden die Einnahmen aus der Arbeit zu einem großen Teil
auf das Elterngeld angerechnet, sodass die Einnahmen auf
der einen Seite zu Kürzungen auf der anderen Seite führen –
das ist für viele Selbstständige dann praktisch ein Null-
summenspiel.

Dennoch ist es für Eltern, die in Teilzeit selbstständig sind, oft
nicht sinnvoll, zur Vermeidung von Elterngeldkürzungen alle
Aktivitäten komplett einzustellen und nach einigen Monaten
wieder bei Null anzufangen – zumindest die Stammkunden
wollen auch in dieser Phase weiterhin bedient werden.

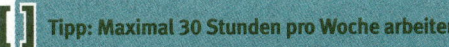

[ ]   Tipp: Maximal 30 Stunden pro Woche arbeiten
Um den Bezug des Mindestelterngelds von 300 Euro nicht zu
gefährden, sollten Sie in diesem Fall jedoch darauf achten,
dass die Grenze bei der Wochenarbeitszeit von 30 Stunden
nicht überschritten wird.

Selbstständig in der Arbeitslosigkeit

Sind die Regelungen zum Bezug von Arbeitslosengeld I und II
auch schon ohne die nebenberufliche Selbstständigkeit
kompliziert genug, so werden die Details bei der Verknüpfung beider Komponenten noch unübersichtlicher. Da es im
Rahmen dieses Buchs nicht möglich ist, die individuellen

Konstellationen in ihren Einzelheiten darzustellen, folgt hier ein allgemeiner Überblick über die grundsätzlichen Regelungen. Detaillierte Informationen zum Bezug von Arbeitslosengeld finden Sie im Ratgeber „Arbeitslos – was nun?", der im Verlag der Verbraucherzentralen erschienen ist.

Arbeitslosengeld I bei bestehender Selbstständigkeit

Wenn Ihnen Ihr Anstellungsverhältnis gekündigt wurde und Sie zu diesem Zeitpunkt schon nebenberuflich selbstständig waren, kommen Sie in den Genuss gewisser Privilegien. Hat die selbstständige Nebentätigkeit bereits mindestens zwölf Monate vor dem Verlust des Arbeitsplatzes bestanden, können Sie sich beim Bezug des Arbeitslosengeldes auf die sogenannte Fortführung einer selbstständigen Tätigkeit berufen.

Unter der Voraussetzung, dass die Nebentätigkeit weniger als 15 Stunden pro Woche in Anspruch nimmt, brauchen Sie die daraus erzielten Einkünfte nicht auf das Arbeitslosengeld anrechnen zu lassen. Allerdings dürfen die daraus erzielten Einnahmen nicht höher sein als vor Beginn der Arbeitslosigkeit.

Aufnahme einer selbstständigen Tätigkeit bei Bezug von Arbeitslosengeld I

Wenn Sie die selbstständige Tätigkeit erst im Lauf der letzten zwölf Monate vor dem Jobverlust oder nach Eintritt der Arbeitslosigkeit aufgenommen haben, gelten wieder andere Regeln. Auch hier dürfen Sie maximal 15 Stunden pro Woche arbeiten, um den Bezug des Arbeitslosengelds nicht zu gefährden. Ohne Auswirkung auf dessen Höhe bleibt jedoch nur ein monatliches Zusatzeinkommen von 165 Euro. Alle Einkünfte, die darüber hinausgehen, werden vollständig mit

dem Arbeitslosengeld verrechnet. Bei der Ermittlung der
Einnahmen werden die betrieblichen Ausgaben berücksichtigt, die Sie auch in der Steuererklärung geltend machen
könnten.

Aufnahme einer selbstständigen Tätigkeit bei Bezug von Arbeitslosengeld II

Das im Volksmund als „Hartz IV" bezeichnete Arbeitslosengeld II ist eigentlich keine spezielle Leistung für Arbeits-
lose, sondern wird immer dann gezahlt, wenn entweder
überhaupt kein Arbeitseinkommen vorhanden ist und kein
Anspruch mehr auf Arbeitslosengeld I besteht oder wenn
das Einkommen aus einer selbstständigen oder angestellten
beruflichen Tätigkeit nicht ausreicht, um das Existenzmini-
mum zu finanzieren.

Außer der Frage, in welchem Umfang die Verwertung von
Sparguthaben und anderen privaten Kapitalanlagen zumut-
bar ist und welche Leistungen dem Betroffenen zustehen,
wird geprüft, in welcher Höhe Einkünfte zur Verfügung
stehen. Dabei ist unerheblich, ob es sich um Einkünfte aus
selbstständiger oder nicht selbstständiger Arbeit handelt.
In aller Regel wird diese Vorgehensweise dazu führen, dass
Einkünfte aus einer selbstständigen Nebentätigkeit zu einer
Minderung des Anspruchs auf Arbeitslosengeld II führen.

Vollerwerbsexistenzgründung aus der Arbeitslosigkeit heraus

Wenn Sie eine auf Dauer und Vollerwerb angelegte Existenzgründung aus der Arbeitslosigkeit wagen, können Sie
mit staatlichen Zuschüssen rechnen. Je nachdem, ob Sie
Arbeitslosengeld I oder II beziehen, gibt es dabei unterschiedliche Förderwege. Allerdings sind die Fördervarianten
darauf ausgelegt, eine hauptberufliche Existenzgründung

mitzufinanzieren. Sie kommen dann in Betracht, wenn Sie arbeitslos sind und Ihre nebenberufliche Geschäftsidee das Potenzial dazu hat, dass Sie in einem überschaubaren Zeitrahmen ganz davon leben können.

Gründungszuschuss für Empfänger von Arbeitslosengeld I

Anspruch auf Gründungszuschuss haben Sie in einem Zeitraum von maximal 15 Monaten. In den ersten sechs Monaten nach dem Unternehmensstart erhalten Sie einen Zuschuss in Höhe Ihres individuellen monatlichen Arbeitslosengelds sowie ebenfalls monatlich eine Pauschale von 300 Euro für Ihre soziale Absicherung (Kranken-, Pflegeversicherung, Altersvorsorge). Danach kann sich eine zweite Förderphase von weiteren neun Monaten anschließen. Dann wird jedoch nur noch die Pauschale von 300 Euro für die Sozialversicherung gezahlt. Um diese Förderpauschale zu erhalten, müssen Sie Ihre Geschäftstätigkeit und Ihre hauptberuflichen unternehmerischen Aktivitäten nachweisen.

Allerdings sind mit dem Gründungszuschuss die nachfolgenden Voraussetzungen verbunden:

- Wer den Gründungszuschuss beantragen möchte, muss durch die Existenzgründung seine Arbeitslosigkeit beenden und eine hauptberuflich selbstständige Tätigkeit aufnehmen.

- Bei Aufnahme der selbstständigen Tätigkeit muss noch ein Anspruch auf Arbeitslosengeld (kein ALG II) von mindestens 90 Tagen bestehen.

- Ihre persönliche und fachliche Eignung muss gewährleistet sein. Sollte der Arbeitsvermittler Zweifel an der Eignung haben, kann er von Ihnen verlangen, an einer

Maßnahme zur Eignungsfeststellung oder an einem Existenzgründungskurs teilzunehmen.

- Eine fachkundige Stelle muss das Existenzgründungsvorhaben begutachten und die Tragfähigkeit der Existenzgründung bestätigen. Zu den fachkundigen Stellen zählen zum Beispiel Industrie- und Handelskammern, Handwerkskammern, Kreditinstitute, Gründungszentren sowie Steuerberater.

Einstiegsgeld für Empfänger von Arbeitslosengeld II

Bei Aufnahme einer selbstständigen Tätigkeit gibt es die Möglichkeit, Einstiegsgeld als Zuschuss zum Arbeitslosengeld II zu erhalten. Darüber hinaus können zusätzliche Existenzgründungshilfen (zum Beispiel für die Anschaffung von Betriebsmitteln) gewährt werden, wenn dies für die erfolgreiche Eingliederung in das Erwerbsleben notwendig ist. Der Fallmanager kann das Einstiegsgeld in Form eines flexiblen Zuschusses und weitere Leistungen zur Eingliederung in Arbeit bewilligen, wenn er dies für ratsam hält. Das Einstiegsgeld kann dann zur Gründung einer selbstständigen Existenz eingesetzt werden.

Bei der Höhe des Einstiegsgelds ist der Fallmanager nicht gebunden. Er orientiert sich an der Arbeitslosigkeitsdauer und der Größe der Bedarfsgemeinschaft des Arbeitsuchenden. Die Bundesagentur für Arbeit empfiehlt den Jobcentern eine Orientierung an den Regelsätzen des Arbeitslosengelds II.

> **! Vorsicht**
>
> Beim Einstiegsgeld handelt es sich um eine sogenannte Kann-Regelung. Das heißt konkret: Einen Rechtsanspruch auf diese Leistung gibt es nicht.

Kalkulieren und finanzieren

Marktfähige Ideen zu haben und Kunden zu finden, ist längst nicht alles. Nur wenn Sie Ihre Preise so kalkulieren, dass einerseits Ihre Produkte und Leistungen gekauft werden und Sie andererseits noch genügend dabei verdienen, haben Sie langfristig Erfolg. Mit dem Ertrag müssen Sie nicht nur die laufenden Kosten decken und den Lebensunterhalt bestreiten, sondern auch das Geld wieder hereinholen, das Sie für Ihre Investitionen ausgegeben haben.

Auch wenn Ihr Kostenblock weniger umfangreich und Ihr Gewinnanspruch bescheidener ist, stehen Sie als nebenberuflicher Unternehmer genauso in der Pflicht wie ein hauptberuflich Selbstständiger. Eine sorgfältige Preiskalkulation und eine solide Finanzierung sind nicht nur wesentliche Säulen des Erfolgs, sondern senken das Risiko der Überschuldung und des geschäftlichen Misserfolgs ganz gewaltig.

Honorare und Stundensätze kalkulieren

Auch bei der nebenberuflichen Selbstständigkeit gilt: Als Unternehmer haben Sie zwar bessere Verdienstchancen, Sie müssen als Preis dafür aber auch höhere Risiken in Kauf nehmen. Am Kapitalmarkt gibt es ein einfaches Grundgesetz: Je höher das Risiko ist, desto höher muss die Rendite sein. Das gilt auch beim Lohn für Ihre Arbeit. Deshalb sollten Sie bei der Kalkulation Ihrer Honorare und Preise nicht nur den eigentlichen Wert Ihrer Arbeit, sondern auch einen fairen finanziellen Ausgleich für die zusätzlichen Risiken berücksichtigen.

Berücksichtigen sollten Sie in erster Linie die folgenden Fakten:

■ **Auftragsrisiko:** Kunden können Ihnen von heute auf morgen Aufträge entziehen. Wer als Angestellter eine feste Arbeitsstelle hat, ist zumindest vor dem kurzfristigen Rauswurf einigermaßen geschützt. Er hat nicht nur die Kündigungsfrist, die sein Arbeitgeber einhalten muss, sondern genießt je nach Betriebszugehörigkeit, Alter und Familienstand einen besonderen Kündigungsschutz. Will sein Arbeitgeber ihn entlassen, muss er die soziale Situation vorher berücksichtigen und auch der Betriebsrat muss zustimmen. Außerdem gibt es je nach Dauer der Betriebszugehörigkeit ein Recht auf eine angemessene

Abfindung. Diese Sicherheiten geben Sie beim Schritt in die berufliche Selbstständigkeit auf. Wenn Sie nicht mehr gebraucht werden, haben Sie unter Umständen innerhalb weniger Tage auch mal happige Umsatzeinbußen zu verbuchen.

- **Kein Arbeitslosengeld:** Als Selbstständiger zahlen Sie keine Beiträge mehr zur gesetzlichen Arbeitslosenversicherung, da Sie auf eigene Rechnung arbeiten. Wenn alle Stricke reißen und Ihnen sämtliche Kunden den Rücken kehren würden, könnten Sie sich nicht einfach arbeitslos melden.

- **Sozialversicherung:** Arbeitnehmer profitieren bei der sozialen Absicherung von ihrem Arbeitgeber: Die Prämien für Kranken-, Renten-, Arbeitslosen- und Pflegeversicherung sind festgelegt und werden ungefähr zur Hälfte vom Arbeitnehmer und Arbeitgeber bezahlt. Als Selbstständiger müssen Sie die dafür anfallenden Kosten komplett aus eigener Tasche bezahlen. Zwar sind Sie nicht verpflichtet, für Ihre Erträge aus der nebenberuflichen Selbstständigkeit Rentenversicherungsbeiträge zu zahlen – aber dafür fehlt Ihnen das Geld im Rentenalter, wenn Sie nicht anderweitig vorsorgen.

- **Vergünstigungen und Sonderzahlungen:** Bei Angestellten besteht das Jahresgehalt nicht nur aus zwölf Monatsgehältern. Die zusätzlichen Leistungen des Arbeitgebers summieren sich meist zu einem erklecklichen Betrag: Urlaubs- und Weihnachtsgeld, Fahrtkostenerstattung, Vermögenswirksame Leistungen, Zuwendungen bei Heirat oder Geburt sind nur einige Beispiele. Vor allem in Großunternehmen kommen weitere Vergünstigungen wie Kantinenzuschüsse, Betriebskindergarten, betriebliche Altersvorsorge, Belegschaftsaktien oder Gewinnbeteiligung hinzu. Auf all diese zusätzlichen Einnahmequellen müssen Sie als Freiberufler oder Selbstständiger verzichten.

- **Unbezahlte Krankheits- und Urlaubstage:** Wer als Angestellter das Bett hüten oder ins Krankenhaus muss, braucht sich um sein Gehalt keine Sorgen zu machen, weil er sechs Wochen lang vom Arbeitgeber Lohnfortzahlung und danach von der Krankenkasse Krankengeld bekommt. Als Selbstständiger können Sie solche Leistungen nicht beanspruchen. Auch beim Urlaub gilt: Jeder freie Tag ist unbezahlter Urlaub.

Was das konkret für Sie bedeutet, soll Ihnen eine vereinfachte Vergleichsrechnung zeigen, die die Unterschiede zwischen dem Lohn eines Angestellten und dem Honorar eines Selbstständigen verdeutlicht.

Nehmen wir als Basis für die Kalkulation einen Vollzeitangestellten mit folgenden Lohndaten:

Leistungen des Arbeitgebers	Summe
12 Monatsgehälter à 3.500 Euro	42.000 Euro
13. Monatgehalt als Urlaubs- und Weihnachtsgeld	3.500 Euro
Jahresbruttogehalt	45.500 Euro
Arbeitgeberanteil Sozialversicherung (ca. 19 %)	5.600 Euro
Vergleichbares Jahreseinkommen	**51.100 Euro**

Nun sollten Sie berücksichtigen, dass in diesem Einkommen üblicherweise sechs Wochen Jahresurlaub sowie die Lohnfortzahlung im Krankheitsfall eingerechnet sind. Um bezogen auf die selbstständige Tätigkeit in Vollzeit ein realistisches Stundenhonorar zu ermitteln, müssen Sie wissen, durch wie viele jährlich geleistete Stunden Sie das Jahreseinkommen teilen müssen. Dabei hilft Ihnen näherungsweise die nachfolgende Rechnung:

Jährlich geleistete Stunden	Summe
12 Monate à 160 Stunden	1.920 Stunden
−6 Wochen Urlaub à 38 Stunden	228 Stunden
−1 Woche krank	38 Stunden
Tatsächliche Arbeitszeit pro Jahr	**1.654 Stunden**

Unter diesen Voraussetzungen errechnet sich Ihr vergleich-
barer Stundensatz wie folgt:

51.100 Euro Jahreseinkommen geteilt durch 1.654 Stunden
ergibt knapp 31 Euro pro Stunde. Wenn Sie im Schnitt vier
Arbeitstage pro Monat in Ihre nebenberufliche Selbstständigkeit investieren, würde dies einem monatlichen Ertrag
von etwas weniger als 1.000 Euro entsprechen.

Noch nicht berücksichtigt ist hierbei

■ das unternehmerische Risiko,
■ die Kosten für Arbeitsmaterial und Fremdleistungen (zum
    Beispiel Steuerberater), die Sie selbst tragen müssen,
■ die Raumkosten für Ihren Arbeitsraum zu Hause sowie
■ die Tatsache, dass Sie nicht jede geleistete Arbeitsstunde
    einem Kunden in Rechnung stellen, sondern auch einen
    gewissen Zeitanteil für Ihren Papierkram, die Buchhaltung
    und die Akquisition neuer Kunden benötigen.

[ ] **Tipp: Pauschalen Zuschlag berechnen**

Für die oben genannten Aufwendungen sollten Sie bei Bedarf
einen pauschalen Zuschlag auf Ihren Stundensatz berechnen.
Die einfachste Möglichkeit: Sie schätzen ab, wie hoch Ihre
jährlichen Betriebsausgaben sind, und teilen diese durch die
Anzahl der Stunden, die Sie Ihren Kunden voraussichtlich in
Rechnung stellen werden. Ein Jahresaufwand von 2.000 Euro
würde dann bei einem geplanten Arbeitsaufkommen von
250 Stunden pro Jahr zu einem Zuschlag von 8 Euro führen.

Ob sich Stundensätze in dieser Größenordnung auch im
wirklichen Leben erzielen lassen, hängt sehr stark von
unterschiedlichen Faktoren ab. Zunächst einmal kommt es
darauf an, in welcher Branche Sie tätig sind. So lässt sich
mit spezialisierten Beratungsleistungen für Unternehmen
sicherlich ein höheres Honorar erzielen als mit einer einfachen Dienstleistung für private Kunden. Auch die regio-

nalen Unterschiede spiegeln sich im Honorar wider: So
sehen die Preise im Münchner Ballungsraum sicherlich ganz
anders aus als in den ländlichen Gebieten Brandenburgs.
Dazu kommt noch die Frage nach Ihrer Qualifikation: Je
besser Sie Ihr Metier beherrschen, umso höher ist Ihr Markt-
wert.

Produktpreise professionell ermitteln

Die Stundensatzkalkulation genügt Ihnen, wenn Sie in
erster Linie persönliche Dienstleistungen anbieten – was
beispielsweise bei Hochzeitsfotografen, Webdesignern oder
beratenden Tätigkeiten der Fall ist. Etwas umfangreicher
wird die Preiskalkulation, wenn Sie Produkte herstellen oder
einen Handel eröffnen wollen. Hier gibt es weitere Kosten-
faktoren einzubeziehen, die sich letztlich auf den Preis des
Endprodukts auswirken.

Rohstoffe

Im produzierenden Gewerbe sind die Rohstoffe einer der
ersten Posten in der Kalkulation. Für Sie wird dies in der
nebenberuflichen Selbstständigkeit relevant, wenn Sie
zum Beispiel im kunsthandwerklichen Bereich oder mit
Lebensmittelspezialitäten ein kleines Unternehmen ge-
startet haben.

Weitere Materialien

Während Rohstoffe direkt in das Produkt einfließen, können
zusätzliche Aufwendungen für weitere Materialien anfallen –
diese werden in der kaufmännischen Fachsprache auch als
„Hilfs- und Betriebsstoffe" bezeichnet. Das können etwa

Sägeblätter und Schleifpapier für den Holzkünstler oder Verpackungsmaterialien für den Onlineshopbetreiber sein.

Fremdleistungen

Gegebenenfalls müssen Sie die Kosten für externe Dienstleistungen einkalkulieren, wenn Ihre Waren außer Haus bearbeitet werden.

Raum- und Betriebskosten

Dazu zählt unter anderem die Miete, wenn Sie eine Werkstatt oder andere Arbeitsräume angemietet haben. Auch wenn sich die Räumlichkeiten mietfrei im eigenen Haus befinden, sollte dennoch wenigstens eine gewisse „kalkulatorische Miete" eingerechnet werden. Auch der Energieverbrauch in Form von Heizung und Strom sollte zumindest dann, wenn er ein nennenswertes Volumen erreicht, nicht vernachlässigt werden.

Lagerkosten

Wenn Sie auf Vorrat produzieren oder im Handel tätig sind, benötigen Sie genügend Raum für die Lagerhaltung Ihrer Produkte. Das verursacht natürlich zunächst einmal Kosten in Form von Lagermiete. Aber das ist noch nicht alles: Wenn Waren länger lagern, dann liegt auch das Geld, das Sie bis dahin hineingesteckt haben, praktisch als „totes Kapital" bis zum Verkauf im Lager. Wenn Sie dafür – was in der Praxis hoffentlich nicht der Fall ist – einen Dispokredit in Anspruch nehmen müssten, dann müssten Sie von der Fertigstellung oder dem Einkauf Ihrer Produkte bis zum Verkauf für Ihre Kosten und Aufwendungen Zinsen an die Bank zahlen.

Dieser Fakt wird bei der Kalkulation als „Lagerzins" berücksichtigt. Er errechnet sich aus dem Zinssatz – beispielsweise 6 Prozent – sowie dem Selbstkostenpreis der Produkte
und der Dauer, die im Schnitt bis zum Verkauf anfällt.

Beispiel

Wenn die Ware im Einkauf 100 Euro wert ist und im Schnitt
drei Monate bis zum Verkauf auf Lager liegt, würde bei einem
fiktiven Zinssatz von 6 Prozent der in den Verkaufspreis einzu-
rechnende Lagerzins bei 1,50 Euro liegen.

Arbeitslohn

Während der Unternehmer den Lohn seiner Angestellten in
den Produktpreis einkalkuliert, sollten Sie bei selbstständiger Tätigkeit Ihre eigene Arbeitsleistung nicht vernach-
lässigen. Darunter fällt zunächst einmal die Zeit, die Sie mit
der Herstellung Ihrer Produkte verbringen. Aber auch die
scheinbar nebensächlichen Arbeitsleistungen wie die Zeit
für das Verpacken und Sortieren oder ähnliche Tätigkeiten
sollten berücksichtigt werden.

Kalkulatorische Abschreibungen

So wie Sie gegenüber dem Finanzamt die Abnutzung Ihrer
Produktions- und Geschäftsausstattung als Abschreibung
geltend machen (siehe dazu auch das Kapitel „Steuern" ab
Seite 117), sollten Sie diese auch in der Preiskalkulation be-
rücksichtigen. Ob davon der Preis nennenswert beeinflusst
wird, hängt davon ab, wie viel Geld Sie in Ihre Ausrüstung
investieren müssen und wie lange die durchschnittliche
Lebensdauer der Anlagen ist. Im Gegensatz zur steuerlichen
Abschreibung, die sich immer nur auf den ursprünglichen
Kaufpreis bezieht, geht man bei der kalkulatorischen Ab-

schreibung vom künftigen Preis für die Wiederanschaffung
aus – und der ist üblicherweise aufgrund der Inflation etwas
höher als der aktuelle Preis.

Beispiel

Für den Verkauf Ihrer Produkte auf Märkten haben Sie 5.000
Euro in einen mobilen Marktstand investiert, der voraussichtlich zehn Jahre lang eingesetzt werden kann. Allerdings gehen
Sie davon aus, dass Sie dann für den neuen Stand 5.500 Euro
bezahlen müssen. Daraus resultiert eine jährliche Abschreibung von 550 Euro. Wenn Sie einen jährlichen Umsatz von
10.000 Euro erzielen möchten, sollten Sie in die Kalkulation
Ihrer Preise eine Abschreibung von 5,5 Prozent einbeziehen.

Wagniskosten

Der Begriff des „unternehmerischen Risikos" wird immer
dann plötzlich ganz konkret, wenn Kunden nicht zahlen,
Reklamationen ins Haus flattern oder die vermeintlich so
attraktiven Waren wie Blei im Regal liegen und der Ver-
ramschung entgegensehen. Wenn Sie Ihre Produkte nicht
individuell auf Kundenauftrag herstellen, müssen Sie immer
damit rechnen, dass ein Teil davon nicht verkauft wird.

Wie hoch der Aufschlag in Form der Wagniskosten ausfällt,
hängt sehr stark davon ab, was Sie verkaufen und wie sich
Ihre Kundschaft zusammensetzt. Vor allem im Handel und
bei der Produktion von Waren sind die Wagniskosten in der
Regel deutlich höher als bei Dienstleistungen.

Werbe- und Vertriebskosten

„Wer keine Werbung macht, um Geld zu sparen, könnte
auch die Uhr anhalten, um Zeit zu sparen", sagte schon vor
rund hundert Jahren der amerikanische Großindustrielle

Henry Ford und hat damit bis heute noch recht. Allein von der kostenlosen Mund-zu-Mund-Propaganda können die wenigsten Selbstständigen leben. Doch die typischen Werbemaßnahmen der Kleinunternehmer wie Prospekte und Flyer, eine Website, Anzeigen oder Werbebriefe gibt es nicht zum Nulltarif. Daher sollten Sie in die Verkaufspreise Ihrer Produkte auch einen ausreichenden Anteil an Werbekosten einrechnen.

Eng verwandt mit den Werbekosten sind die Vertriebskosten, die beim Verkauf anfallen. Das können beispielsweise die Gebühren für einen Stand auf dem Weihnachtsmarkt oder die Provisionen für Onlinevermarktungsplattformen sein.

Ähnlich wie die kalkulatorischen Abschreibungen und die Raumkosten sollten auch die Werbe- und Vertriebskosten zunächst als prozentualer Anteil am Gesamtumsatz ermittelt und dann auf die Stückpreise heruntergerechnet werden.

Praxisbeispiele für die Produktkalkulation

Klar: Jede Kalkulation ist individuell und hängt von Ihren persönlichen Vorstellungen, Kosten und preislichen Möglichkeiten ab. Deshalb sollen die beiden nachfolgenden Modelle keine Zahlenvorlage darstellen, sondern Ihnen nochmals anhand eines praktischen Beispiels die Vorgehensweise beim Kalkulieren verdeutlichen.

Im ersten Beispielfall betrachten wir die Preisgestaltung beim Herstellen von Produkten. Nehmen wir an, Sie würden Modeschmuck herstellen, den Sie an einige Ladengeschäfte in der Umgebung verkaufen. Die Ladengeschäfte bestellen üblicherweise eine bestimmte Menge und nehmen diese dann komplett ab. Der Jahresumsatz liegt bei rund 6.000 Euro. Für Ihre Ausrüstung kalkulieren Sie mit einer jährlichen Abschreibung von 300 Euro und die kleine Werkstatt, die Sie im Hobbyraum eingerichtet haben, schlägt mit fiktiver Miete und Raumkosten in Höhe von 600 Euro pro Jahr zu Buche. Nennenswerte Werbe- und Vertriebskosten fallen nicht an, da die Gewinnung der Händler über persönliche Kontakte erfolgt. Damit könnte die Kalkulation für ein einzelnes Schmuckstück wie folgt aussehen:

Aufwand pro Schmuckstück	Kosten
Rohstoffe	2,50 Euro
Arbeitszeit 0,25 Stunden à 30 Euro	7,50 Euro
Kalkulatorische Abschreibung	0,60 Euro
Miete und Raumkosten	1,20 Euro
Verkaufspreis	11,80 Euro

Anders geht man bei der Kalkulation im Handel vor, zum Beispiel einem Onlineshop für italienische Olivenölspezialitäten. Hier entfällt zwar die eigentliche Herstellungszeit, aber Sie sollten dennoch einen realistischen Zeitaufwand für die Abwicklung Ihrer Geschäfte einkalkulieren. Sie brauchen Zeit für die Beschaffung, das Sortieren, das Rühren der Werbetrommel und den Versand. Insgesamt hoffen Sie, mit einem monatlichen Aufwand von 15 Stunden einen Jahresumsatz von 18.000 Euro zu erzielen. An jährlichen Kosten fallen an:

- Lagerkosten und -zins: 300 Euro,
- Verpackungsmaterial: 600 Euro,
- Arbeitsaufwand 180 Stunden pro Jahr x 30 Euro: 5.400 Euro (das entspricht dem erhofften jährlichen Gewinn),
- Werbeaufwand: 900 Euro.
- Wagniskosten: 10 Prozent der Ware bleiben unverkauft.

Daraus ergibt sich das folgende Kalkulationsmodell:

Aufwand pro Einheit	Kosten
Einkaufspreis	2,70 Euro
Wagniskosten	0,27 Euro
Lagerkosten und -zins	0,08 Euro
Verpackungsmaterial	0,15 Euro
Werbeaufwand	0,23 Euro
Arbeitsaufwand/Gewinnspanne	1,35 Euro
Verkaufspreis	4,78 Euro

Kontoführung und Liquidität

Der Gesetzgeber verlangt, dass Selbstständige ihre privaten und beruflichen Finanzen sauber trennen. Dann kann nämlich bei der Prüfung der Steuererklärung oder bei einer Betriebsprüfung des Finanzamts vermieden werden, dass die ohnehin oft schon strittige Abgrenzung zwischen privaten und betrieblichen Geldflüssen auch noch durch ein finanzielles Durcheinander erschwert wird.

Das muss jedoch nicht bedeuten, dass Sie zwangsläufig ein Girokonto extra für Ihre nebenberufliche Selbstständigkeit anlegen müssen. Bei einer überschaubaren Zahl an Kontobewegungen können Sie Ihre beruflichen Geldgeschäfte auch über das Privatkonto abwickeln. Sinnvoll ist es in diesem Fall, die Buchungsposten auf den Kontoauszügen beispielsweise mit einem „P" für private Umsätze und „S" für Geldbewegungen aus Ihrer Selbstständigkeit zu kennzeichnen. Da Nebenjobselbstständige ihre Einnahmenüberschussrechnung in der Regel mit allen dazugehörigen Belegen einreichen, hat das Finanzamt aufgrund der Einnahme- und Ausgabebelege schon einen realistischen Überblick.

Wenn die Geschäfte florieren, kann jedoch die Abwicklung über das Privatkonto unübersichtlich werden. In diesem Fall ist es ratsam, ein zweites Konto einzurichten, über das ausschließlich Ihre Einnahmen und Ausgaben aus Ihrer selbstständigen Tätigkeit laufen.

Das Problem sind dabei die Kosten: Für Privatkunden gibt es jede Menge kostenlose Girokontoangebote, aber über diese Konten dürfen Sie üblicherweise ausschließlich private Buchungen abwickeln. Da kann es schon mal vorkommen, dass Sie einen bösen Brief von der Bank erhalten, wenn einige größere eBay-Zahlungen eintreffen oder sich Gutschriften im Begleittext auf Rechnungen von Ihnen beziehen. Dann droht die Bank mit Kontokündigung oder verlangt von Ihnen, dass Sie hohe Gebühren für ein Firmenkonto zahlen.

Wenn Sie Ihr Selbstständigkeitskonto an eine Bank ausgelagert haben, die nur Privatkunden aufnimmt, haben Sie schlechte Karten – wahrscheinlich kommen Sie um die Kontokündigung nicht herum.

Spielraum besteht hingegen, wenn Sie das Zweitkonto bei Ihrer Hausbank führen. In diesem Fall sollten Sie niemals ein teures Firmenkonto akzeptieren, für das Sie jährliche Gebühren von oftmals mehr als 100 Euro auf den Tresen blättern müssen. Ihre Argumente:

- Der geringe Umfang Ihrer Umsätze rechtfertigt es in keiner Weise, dass Sie die gleichen hohen Gebühren zahlen wie ein Unternehmen, das jeden Tag 20 oder 30 Buchungsposten hat.

- Es ist marktüblich, dass Freiberufler ohne Angestellte bei der Kontoführung dieselben Konditionen erhalten wie Privatkunden. Wenn sich die Bank querstellt, wird es Ihnen nicht schwerfallen, ein Kreditinstitut zu finden, das sich darauf einlässt.

■ Wenn die Bank Sie jetzt mit einer sturen Gebührenpolitik vergrault, verliert sie einen Kunden, der für sie hochinteressant sein kann, wenn die Geschäftsidee erfolgreich ist. (Ob Sie dann auch wirklich bei der Bank bleiben, ist natürlich Ihre Sache.)

Wenn die Bank dann einlenkt und Ihnen die Privatkunden-Konditionen einräumt, kommt der zweite Schritt. Die meisten Banken bieten nämlich verschiedene Kontomodelle an, die auch höchst unterschiedliche Kosten verursachen. Weil Ihre Buchungsposten fast ausschließlich aus Geldeingängen, Überweisungen, Lastschriften und Transfers auf das Privatkonto bestehen, genügt ein – meist kostenloses – Onlinekonto vollauf.

[ ] **Tipp: Auf die Bankkarte für das Zweitkonto verzichten**

Wenn zusätzliche Gebühren für eine Bankkarte verlangt werden, können Sie auf diese beim Zweitkonto verzichten, weil sich für die Bargeldbeschaffung am Automaten ja das Privatkonto nutzen lässt.

Wünschenswert ist es, wenn die Bank Ihnen auf Ihr betriebliches Girokonto einen Dispokredit einräumt. Dann müssen Sie nicht gleich die hohen Überziehungsprovisionen zahlen, wenn Ihr Konto einmal vorübergehend in die roten Zahlen rutscht.

Sinnvoll ist der Dispokredit auch, um bei Bestellungen zügig bezahlen zu können, wenn Ihnen Skonto gewährt wird. Auf den ersten Blick scheint es zwar sinnvoller, in solchen Fällen auf den Skontoabzug zu verzichten und das reguläre Zahlungsziel auszunutzen, damit aufgrund der bis dahin zu erwartenden Geldeingänge kein teurer Dispokredit in Anspruch genommen werden muss. Doch in Wirklichkeit ist es fast immer lohnenswerter, einen angebotenen Skontoabzug bei schneller Zahlung auch in Anspruch zu nehmen – sogar dann, wenn kaum Guthaben auf dem Konto vorhanden ist. Grund dafür ist, dass die zusätzlichen Zinsen aufgrund der Kontoüberziehung nur auf die wenigen Tage zwischen Ablauf der Skontofrist und dem regulären Zahlungsziel herunterzurechnen sind.

Beispiel

Ein Lieferant hat als Zahlungsbedingung, dass die Rechnung entweder innerhalb von 10 Tagen mit 2 Prozent Skonto oder innerhalb von 30 Tagen ohne Abzug zu bezahlen ist. Damit haben Sie auf Sicht von 20 Tagen einen Zinsvorteil von 2 Prozent. Das entspricht aufs Jahr hochgerechnet einem Jahreszins von 36 Prozent – und so teuer ist kein Dispokredit.

Bei der Liquiditätsplanung gilt: Solidität bringt Sicherheit. Deshalb brauchen Sie auch bei der nebenberuflichen Selbstständigkeit einen soliden Finanzplan – das ist vor allem in der Gründungsphase wichtig.

Im ersten Schritt sollten Sie genau durchrechnen, wie viel Geld Sie für laufende Ausgaben und die ersten Investitionen brauchen. Dazu kommt eine ausreichende Geldreserve, mit deren Hilfe Sie die Zeit bis zum Eintreffen der ersten größeren Umsätze überbrücken können. Auf jeden Fall sollte ein möglichst großer Teil dieser Gelder aus Eigenmitteln bestehen. Einige Monate nach dem Start kommt dann oft der Knackpunkt, an dem sich entscheidet, ob Sie mit Ihrer Geschäftsidee Fuß fassen oder nicht.

Tipp: Klare Ziele definieren

Um Ihr Risiko so weit wie möglich zu reduzieren, sollten Sie bei Ihren Ausgaben und Investitionen ganz klare Prioritäten setzen: Jede Investition muss den maximalen Ertrag erwirtschaften. Bei der Planung Ihrer Investitionsfinanzierung ist damit die Rangfolge klar: Was Ihrer Produktivität dient (zum Beispiel Maschinen oder Computer), hat Vorrang gegenüber dem, was der Repräsentation dient (zum Beispiel Büroeinrichtung).

Ein wichtiger Aspekt auch nach der Gründungsphase ist, dass Sie als Selbstständiger praktisch immer in Vorleistung gehen müssen. Sie müssen Material einkaufen, Ihre Arbeit erledigen, einen Käufer finden und dann warten, bis die Rechnung bezahlt ist – das ist ein Prozess, der sich über Wochen oder gar Monate hinziehen kann. Mittelfristig sollten Sie unbedingt in der Lage sein, diese „Zeitverschiebung" aus eigenen Geldmitteln zu finanzieren. Anderenfalls würde nicht nur Ihr Gewinn empfindlich durch die teuren Kreditzinsen geschmälert, sondern es würde auch schon bei kleineren Misserfolgen die Überschuldung drohen.

In diesem Zusammenhang sollte das zügige Ausstellen von Rechnungen eine Selbstverständlichkeit sein. Denn: Je länger Sie auf Ihr Geld warten, desto größer wird Ihr finanzielles Risiko. Daher sollten Sie zwischen dem Zeitpunkt der Ablieferung Ihrer Arbeit und dem Schreiben der Rechnung nicht unnötig Zeit verstreichen lassen. Wenn noch Preise oder Konditionen zu klären sind, sollten Sie diese Aufgaben – auch wenn sie Ihnen unangenehm sein sollten – nicht vor sich herschieben, sondern am besten schon bei der Auftragserteilung lückenlos klären. Gerade bei Unklarheiten ist so mancher Kunde versucht, die Rechnung zuerst einmal liegen zu lassen. Halten Sie sich nochmals vor Augen:

- Wenn Sie Ihre Arbeit erledigt, aber noch nicht abgerechnet haben, müssen Sie dies schon als offene Forderung bewerten. Mit Ihrer Arbeit, den Rohstoffen und den sonstigen Kosten sind Sie bereits in Vorleistung getreten. Außerdem steigt das Risiko des Zahlungsausfalls, je höher der Stand Ihrer offenen Forderungen ist.

- Wenn Sie das Abrechnen Ihrer Leistungen auf die lange Bank schieben, kostet aufgrund des Zinsausfalls jeder verlorene Tag bares Geld – weil Sie es dann möglicherweise nicht schaffen, Ihr Girokonto ins Haben zu bringen oder einen Kredit vorzeitig zurückzuzahlen.

Beispiel

Sie erwirtschaften einen jährlichen Umsatz von 9.000 Euro, weil Sie aber mit Ihrer Arbeit kaum nachkommen, schreiben Sie Ihre Rechnungen nur alle zwei Monate, weshalb Ihr Girokonto oft in den roten Zahlen ist. Bei einem Dispozinssatz von 13,5 Prozent und einer durchschnittlichen Verzögerung bei der Rechnungsausstellung von 30 Tagen entsteht Ihnen ein Zinsverlust von gut 100 Euro pro Jahr. Nicht eingerechnet ist hier der zusätzliche Arbeitsaufwand, der dadurch entsteht, dass Sie mehrere Wochen alte Vorgänge nachvollziehen müssen.

Weitere Praxistipps zum rechtssicheren Ausstellen von Rechnungen und zur Reduzierung des Ausfallrisikos finden Sie im Kapitel „Haftungs- und Ausfallrisiken" ab Seite 61.

Wie Sie an Bankkredite kommen

Wenn Sie nebenberuflich in die Selbstständigkeit starten, hält sich der Investitionsaufwand meist in Grenzen. Trotzdem kann es vorkommen, dass Sie für die Erstausrüstung einen kleinen Kredit benötigen. Dann werden Sie feststellen, dass die reißerisch beworbenen „Ratenkredite zum Minizins" keine Existenzgründerdarlehen sind: Wenn Sie als Verwendungszweck „Existenzgründung" angeben, wird der Kreditantrag abgelehnt mit dem Hinweis, dass die Kredite ausschließlich für private Verwendungszwecke genehmigt werden.

Nun kommt es darauf an, ob Sie nur einen kleinen Kredit brauchen und mit Ihrem Vollzeit-Hauptberuf ein sicheres Einkommen als Arbeitnehmer vorweisen können. Falls ja, können Sie mit einem kleinen Umweg an das Ziel des günstigen Ratenkredits gelangen:

Nutzen Sie für die Finanzierung Ihrer Aufwendungen zunächst den Dispokredit auf Ihrem privaten Girokonto, der für eine dauerhafte Finanzierung natürlich viel zu teuer ist. Im Anschluss daran beantragen Sie einen zinsgünstigen Ratenkredit, der nun praktischerweise einen ganz anderen Verwendungszweck hat: nämlich die Ablösung Ihres privaten Dispokredits. Diese Verwendung wird von vielen Banken akzeptiert und Sie haben mit einer kleinen Zwischenstation einen Kredit mit niedrigem Zins erhalten.

Die oben erläuterte Vorgehensweise funktioniert natürlich nur, wenn Sie eine feste Anstellung haben und aus dem regelmäßigen Einkommen der Bank die notwendige Bonität darlegen können. Schwieriger wird es, wenn die nebenberufliche Existenzgründung aus dem Studium, aus der Elternpause oder aus der Arbeitslosigkeit heraus erfolgt.

Auf jeden Fall kann es sinnvoll sein, die staatliche Förderbank KfW anzuzapfen. Diese stellt für Gründer mit geringem Kreditbedarf das sogenannte StartGeld bereit, das es in Form eines Darlehens bis zu einem Betrag von maximal 50.000 Euro gibt. Das StartGeld ist auch für nebenberufliche Existenzgründer zugänglich, die laut Kreditbedingungen mittelfristig eine Vollzeitexistenz aufbauen wollen.

Allerdings können Sie bei der KfW keinen Kredit direkt beantragen, denn das staatliche Geldinstitut betreibt keine Filialen und ist auch keine Direktbank. Für Kreditnehmer läuft der Kontakt ausschließlich über die Hausbank, die dann die Anträge an die KfW weiterleitet. Die Erfahrung zeigt jedoch, dass Gründer häufig hartnäckig nachbohren müssen, bis ihnen dieses Kreditangebot gemacht wird. Der Grund für die Zurückhaltung vieler Banken: Für die Vermittlung von kleinen Darlehen bekommen sie nur eine niedrige Provision von der KfW.

Tipp: Alternative nutzen

Als privatwirtschaftlich organisierte Alternative zur KfW gibt es speziell für die Finanzierung von Minigründungen das Deutsche Mikrofinanz Institut (DMI), das ein Netzwerk aus lokalen und regionalen Kreditanbietern organisiert. Die Einzelprogramme sind oftmals zeitlich begrenzt und ändern sich häufig, sodass Sie sich über Details am besten auf der DMI-Website www.mikrofinanz.net informieren.

Die optimale Tilgungsdauer bei Krediten

Die ideale Gesamtlaufzeit eines Kredits wird nicht nur von Ihrer persönlichen Zahlungskräftigkeit als Kreditnehmer beeinflusst, sondern auch von der Lebensdauer des damit finanzierten Guts. Generell gilt jedoch, dass ein Kredit niemals zu schnell getilgt werden kann – je früher Sie Ihre Verbindlichkeiten abgezahlt haben, desto besser.

Auf keinen Fall sollte der Kredit länger laufen als die Lebensdauer der damit finanzierten Anschaffung oder Investition. Die Folgen wären fatal: Wird das Gut durch Abnutzung wertlos und muss es ersetzt werden, wäre bei zu langer Finanzierungsdauer zu diesem Zeitpunkt noch eine Restschuld vorhanden. Diese mindert entweder Ihr Eigenkapital bei der notwendigen Ersatzanschaffung, oder sie muss komplett aus Eigenmitteln beglichen werden. Addieren sich in größerem Umfang Altschulden zu neuen Krediten, droht in ungünstigen Fällen sogar die Überschuldung. Um wirtschaftlich arbeiten zu können, müssen neue Anschaffungen getätigt werden, die neue Kredite verursachen. Zur Rate für den Altkredit kommen dann Zins und Tilgung für das neue Darlehen – und wer in solchen Fällen nicht von vornherein vorsichtig kalkuliert hat, gerät schnell in finanzielle Engpässe.

Auf der anderen Seite lässt sich durch die rasche Tilgung von Krediten langfristig die Eigenkapitalsituation wesentlich verbessern. Ist der Kredit schon lange vor dem Zeitpunkt der notwendigen Ersatzanschaffung getilgt, können Sie in der Zwischenzeit hierfür bereits zusätzliches Eigenkapital ansparen. Dadurch sinkt entweder die Kreditrate für die Neuanschaffung, oder die nächste Anschaffung kann noch schneller getilgt werden, was Ihnen zusätzlichen finanziellen Spielraum verschafft. Angenehmer Nebeneffekt: Für jeden getilgten Euro müssen Sie keinen Zins mehr an die Bank zahlen, und das senkt spürbar Ihre Kosten.

[ ] Tipp: AfA-Tabelle zurate ziehen

Bei der Ermittlung der Lebensdauer können Sie sich an der gesetzlichen Frist für die steuerliche Absetzung für Abnutzung (AfA, siehe dazu auch im Kapitel „Steuern", Seite 154 f.) orientieren. Zwar ist die tatsächliche Nutzungsdauer meist länger, doch im Sinne einer unternehmerisch vorsichtigen Kalkulation ist diese zeitliche Reserveeinplanung durchaus sinnvoll.

Idealerweise sollte nach der halben Abnutzungsfrist der Kredit getilgt sein. Auf diese Weise bleibt genügend Zeit, für die Ersatzanschaffung Eigenkapital zu bilden. Hier einige Beispiele:

- **Büroeinrichtung:** Nutzungsdauer 10 Jahre, Finanzierungsdauer maximal 5 Jahre;

- **Computer und Peripherie:** Nutzungsdauer 3 bis 4 Jahre, Finanzierungsdauer maximal 2 Jahre;

- **Überbrückung finanzieller Engpässe:** keine Nutzungsdauer, schnellstmögliche Tilgung.

Was Sie über Bürgschaften wissen sollten

Bei der Unternehmensfinanzierung wollen die Banken für die Kreditvergabe in aller Regel ein Pfandrecht, um sich im Fall der Zahlungsunfähigkeit den Zugriff auf Vermögenswerte des Schuldners zu sichern. Je nachdem welche Investition finanziert werden soll, handelt es sich häufig um Grundschulden für die Finanzierung von Immobilienbesitz oder um Sicherungsübereignungen bei der Anschaffung von Maschinen und Produktionsanlagen.

Allerdings sind diese Sicherheiten nur bei größeren Darlehen üblich, weil damit für die Bank auch ein gewisser Verwaltungsaufwand verbunden ist. Für die Finanzierung kleinerer Investitionen, wie es bei der nebenberuflichen Selbstständigkeit meistens der Fall ist, dominieren zwei Varianten:

- Der Kredit wird **ohne weitere Sicherheiten** gewährt, wie es zum Beispiel bei Ratenkrediten üblich ist.

- Bei speziellen Kleinkrediten für Miniunternehmen wird häufig eine **Bürgschaft** verlangt.

Wie die Bürgschaft funktioniert, wird im Bürgerlichen Gesetzbuch (BGB) in den Paragrafen 765 bis 778 definiert. Schon in Paragraf 765 werden die schwerwiegenden Folgen deutlich, mit denen der Bürge im Ernstfall zu rechnen hat. Dort heißt es:

„Durch den Bürgschaftsvertrag verpflichtet sich der Bürge gegenüber dem Gläubiger eines Dritten, für die Erfüllung der Verbindlichkeiten des Dritten einzustehen."

Und weiter: „Die Bürgschaft kann auch für eine künftige oder eine bedingte Verbindlichkeit übernommen werden."

Vorsicht

Damit wird deutlich: Wer für einen Dritten bürgt, leistet weitaus mehr als lediglich eine formale Gefälligkeit unter Verwandten oder Freunden. Je nach Art der Bürgschaft ist der Bürge unter Umständen verpflichtet, beim Ausfall des Schuldners nicht nur für das eigentliche Darlehen, sondern auch für die daraus entstandenen Verzugszinsen und Gerichtskosten sowie für weitere Verbindlichkeiten zu haften.

Wenn Sie also jemanden aus der Verwandtschaft oder dem Freundeskreis darum bitten, für Sie zu bürgen, damit Sie sich nebenberuflich selbstständig machen können, dann sollten Sie selbst genau Bescheid wissen, was der Bürge für Sie leistet und in welcher Form er es tut.

Klar ist: Kommt es hart auf hart, kann sich der Bürge nur in seltenen Fällen seiner Zahlungspflicht entziehen. Unwirksam kann eine Bürgschaft beispielsweise dann sein, wenn der Bürge geschäftlich völlig unerfahren ist, wenn von seiner Familie bzw. der Kredit gebenden Bank erheblicher Druck auf ihn ausgeübt worden ist oder wenn ein grobes Missverhältnis zwischen der Höhe der Bürgschaft und der wirtschaftlichen Leistungsfähigkeit des Bürgen besteht. Aber auf solche Schlupflöcher sollten Sie sich keinesfalls verlassen.

Aufgrund der weitreichenden Folgen besteht bei der Bürgschaftserklärung der Formzwang – sie kann also nicht mündlich vereinbart werden. Bürgschaften werden nur rechtswirksam, wenn der Name des Hauptgläubigers, die Höhe der Hauptschuld und die ausdrückliche Willenserklärung des Bürgen schriftlich fixiert und vom Bürgen im Original unterzeichnet sind. Die Übersendung einer Bürgschaft per Telefax ist damit von vornherein unwirksam.

Nicht jede Bürgschaft hat für den Unterzeichner die gleichen Auswirkungen. Wie hoch das finanzielle Risiko beim Ausfall des Hauptschuldners tatsächlich ist, hängt im Wesentlichen von der Art der vereinbarten Bürgschaft ab. Jedes Kreditinstitut ist natürlich daran interessiert, die Form zu wählen, die ihm die meisten Vorteile bringt. Wenn Sie dies widerstandslos akzeptieren, gehen Sie jedoch ein deutlich erhöhtes Risiko im Vergleich zu demjenigen ein, der durch Verhandeln mit der Bank zumindest einige Risiken ausschaltet. Im Folgenden eine Übersicht über die wichtigsten Bürgschaftsarten.

- **Selbstschuldnerische Bürgschaft:** Bei dieser Form haftet der Bürge, als wäre er selbst der Kreditnehmer. Kann oder will der eigentliche Schuldner seine Verbindlichkeiten nicht mehr bezahlen, darf sich die Bank ohne weitere Umstände direkt an den Bürgen wenden. Sie muss dabei nicht prüfen, ob beim Schuldner noch etwas zu holen ist. Der Bürge muss mit seinem kompletten Vermögen für die Schulden – zu denen auch Zinsen, Verzugs-, Anwalts- und Gerichtskosten zählen – einstehen.

- **Bürgschaft auf erstes Anfordern:** Wenn sich die Bank an den Bürgen wendet, muss er zunächst einmal bezahlen. Das gilt auch dann, wenn noch nicht geklärt ist, ob der Schuldner wirklich zahlungsunfähig ist. Damit kehrt sich die Beweislage zulasten des Bürgen um.

- **Mitbürgschaft:** Hier schließen sich mehrere Bürgen zusammen, um für die Verbindlichkeiten eines Schuldners einzustehen. Allerdings haftet jeder Bürge als Gesamtschuldner. Folglich kann sich der Gläubiger heraussuchen, an wen er sich im Ernstfall mit seiner Forderung wendet. Die Aufteilung der Bürgschaftsverpflichtungen bleibt den einzelnen Bürgen selbst überlassen. Nach außen hin ist jedoch jeder Bürge in vollem Umfang zahlungspflichtig.

- **Teilbürgschaft:** Auch bei der Teilbürgschaft gibt es mehrere Bürgen – doch im Gegensatz zur Mitbürgschaft wird hier vertraglich festgelegt, welcher Bürge in welcher Höhe haftet.

- **Höchstbetragsbürgschaft:** Die Höhe der Bürgschaft ist auf einen festen Betrag begrenzt. Allerdings müssen im Ernstfall die daraus entstandenen Zusatzkosten wie Zinsen und Gebühren auch über das Limit hinaus übernommen werden.

- **Zeitbürgschaft:** Während üblicherweise die Bürgschaft so lange andauert, bis der letzte Cent des dazugehörigen Kredits getilgt ist, gilt die Zeitbürgschaft nur für einen begrenzten Zeitraum. Dadurch wird das Risiko für den Bürgen etwas überschaubarer.

- **Ausfallbürgschaft:** Der Bürge darf erst dann in die Haftung genommen werden, wenn der Kreditgeber erfolglos versucht hat, das ihm zustehende Geld vom Schuldner auf dem Weg der Zwangsvollstreckung zu bekommen. Diese Konstellation kann auch erzielt werden, indem man die Klausel in die Bürgschaftserklärung aufnimmt, dass dem Bürgen die „Einrede der Vorausklage" zusteht. Auch in diesem Fall darf der Gläubiger erst dann auf den Bürgen zugreifen, wenn eine gerichtliche Klage ohne Erfolg geblieben ist.

[ ] Tipp: Bürgschaftsformen kombinieren

Wird von der Bank eine Bürgschaft gefordert, sollte zunächst einmal versucht werden, das Risiko für den Bürgen so weit wie möglich zu begrenzen. Dies kann geschehen, indem einige der oben genannten Bürgschaftsformen miteinander kombiniert werden – das stellt in rechtlicher Hinsicht kein Problem dar. So empfiehlt es sich, Höchstbetrags-, Zeit- und Ausfallbürgschaft miteinander zu verknüpfen. Auf diese Weise kann nicht nur die Höhe des Zahlungsrisikos, sondern auch der Zeitraum der Verpflichtung und die Möglichkeit der Inanspruchnahme begrenzt werden.

Haftungs- und Ausfallrisiken

Mit der Selbstständigkeit sind finanzielle Risiken verbunden, die Sie nicht unterschätzen sollten. Wenn Rechnungen nicht bezahlt werden oder teure Abmahnungen wegen eines Verstoßes gegen das Wettbewerbsrecht ins Haus flattern, muss so mancher Selbstständige bitteres Lehrgeld zahlen.

Oftmals helfen bereits recht einfache Maßnahmen, rechtliche oder finanzielle Fallen wirkungsvoll zu umgehen.

Die Berufs- und Betriebshaftpflicht

Wer einen Schaden verursacht, muss dafür geradestehen – das ist die alltagstaugliche Beschreibung für den etwas sperrigen Begriff der Haftpflicht. In der Praxis hat sich schon des Öfteren gezeigt, dass ein Missgeschick im schlimmsten Fall ruinöse Haftungsansprüche nach sich ziehen kann. Wenn durch einen versehentlich verursachten Unfall Menschen schwer verletzt werden und die Haftung in einer lebenslangen Invaliditätsrente besteht, können durchaus sechsstellige Summen erreicht werden.

Die Haftpflichtversicherung schützt Sie vor solchen Ansprüchen: Sie prüft zunächst, ob der Anspruch überhaupt berechtigt ist – und wenn dies der Fall ist, übernimmt sie die geforderten Zahlungen. Im privaten Bereich braucht jeder Haushalt daher eine Privathaftpflichtversicherung und bei Fahrzeugen ist die Kfz-Haftpflichtversicherung ohnehin obligatorisch.

Sind Sie selbstständig tätig, springt Ihre private Haftpflichtversicherung jedoch nicht ein, wenn der Haftungsanspruch im Rahmen Ihrer beruflichen Tätigkeit entstanden ist. Das gilt auch dann, wenn Sie Ihre selbstständige Tätigkeit nur im Nebenerwerb ausüben. Deshalb sollten Sie unbedingt eine Berufs- oder Betriebshaftpflicht-Versicherung abschließen.

Wie teuer eine solche Versicherung für Sie wird, hängt von mehreren Faktoren ab, nämlich von

- Ihrem ausgeübten Beruf,
- der Größe Ihres Unternehmens,
- der Vertragslaufzeit,
- den Deckungssummen.

Zum Beruf: Die Versicherungen kalkulieren ihre Tarife nach dem Berufsrisiko und das kann je nach Berufsgruppe sehr unterschiedlich ausfallen. So stellen beispielsweise Freelancer aus der Werbebranche ein eher niedriges Risiko dar, weil die dort üblichen Streitigkeiten wie das Nichtgefallen eines Designs oder strittige Formulierungen im Text zwar ärgerlich sind, aber keine Haftungsfragen aufwerfen. Anders hingegen ist die Situation bei selbstständigen Bauingenieuren, wo Planungsfehler schon einmal Regressforderungen nach sich ziehen können.

Zur **Größe des Unternehmens** ist in diesem Zusammenhang eher Erfreuliches zu melden: Als Selbstständiger ohne Angestellte werden Sie in aller Regel in die günstigste Tarifstufe innerhalb der Berufsgruppe eingeordnet.

Zur **Vertragslaufzeit:** Üblicherweise laufen Haftpflichtversicherungsverträge ein Jahr und Sie können den Vertrag mit einer Frist von drei Monaten kündigen. Gern werden aber auch Fünf-Jahres-Verträge angeboten, bei denen Sie deutlich weniger Prämie zahlen. Dafür binden Sie sich jedoch für fünf Jahre an denselben Versicherer.

Zu den **Deckungssummen:** Hier sollten Sie lieber auf Nummer sicher gehen und nicht mit der Einschränkung Ihres Versicherungsschutzes ein paar Euro Jahresprämie sparen. Wenn nämlich die Deckungssumme auf 500.000 Euro begrenzt ist und der Schaden 750.000 Euro beträgt, müssen Sie die fehlende Viertelmillion aus eigener Tasche zahlen. Unterschieden wird zumeist nach Sachschäden und Personenschäden. Jeweils 3.000.000 bis 5.000.000 Euro sollten auf jeden Fall abgedeckt sein.

Ein Sonderfall innerhalb der Haftpflichtversicherung ist die Vermögensschadenhaftpflicht. Diese kommt immer dann zum Tragen, wenn keine Personen verletzt und keine Gegenstände beschädigt wurden, sondern der Geschädigte wegen Ihres Fehlers einen Teil seines Vermögens verloren hat. Alle Berufsgruppen mit beratender Funktion – zum Beispiel An-

wälte, Finanzvermittler oder Unternehmensberater – sollten
diesen Schutz in ihre Police einbeziehen.

[ ] Tipp: Bei der Haftpflicht sparen

Manche Versicherer bieten kostengünstige Kombinationen
aus Privat- und Berufshaftpflichtversicherung an, oftmals für
bestimmte Berufsverbände noch mit einem Gruppenrabatt
bei Abschluss über den Versicherungsmakler des Verbands.
Wenn Sie in einem Berufsverband organisiert sind, sollten
Sie nach Möglichkeit auch dort ein Versicherungsangebot
einholen.

Der Umgang mit Reklamationen

Jeder macht einmal einen Fehler – und wenn das im Ge-
schäftsleben passiert, ist meist eine Reklamation des Kunden die Folge. Dann ist es gut zu wissen, ob die Mängelrüge
berechtigt ist und auf welche Weise sich das Problem aus
der Welt schaffen lässt.

Mängel und Konsequenzen

Wenn eine Reklamation berechtigt sein soll, muss ein kon-
kreter Mangel vorliegen. Typische Mängel liegen beispielsweise vor, wenn

- ein grüner Seidenschal bestellt und ein rotes Exemplar
  geliefert wurde,
- ein Produkt eine in der Werbung angepriesene Eigen-
  schaft (zum Beispiel Spülmaschinenfestigkeit bei Ge-
  schirr) in der Praxis nicht vorweisen kann,
- ein Produkt in beschädigtem Zustand geliefert wurde,
- ein Produkt bei normalem Gebrauch schon nach kurzer
  Zeit kaputtgeht.

Auch bei Dienstleistungen können Mängel reklamiert werden, wenn die Arbeit nicht fachgerecht durchgeführt wurde oder bei der Arbeit Eigentum des Kunden beschädigt worden ist.

Nun kommt also der Kunde, der bei Ihnen eingekauft hat, und will sein Geld zurück. Ganz so schnell geht das jedoch nicht, denn als Verkäufer haben Sie das Recht, auch bei berechtigten Reklamationen zunächst einmal Alternativen anzubieten.

So können Sie dem Kunden eine Reparatur vorschlagen, sofern dies für Sie wirtschaftlich sinnvoll ist. Alternativ dazu muss der Kunde auch eine Ersatzlieferung akzeptieren und bekommt dann ein gleichartiges Austauschprodukt. Nur wenn Sie als Verkäufer beides nicht bieten können oder wollen, kann der Kunde darauf bestehen, entweder eine nachträgliche Minderung des Kaufpreises zu erhalten oder den Vertrag rückgängig zu machen.

[ ] Tipp: Einigungsmöglichkeiten nutzen

Auf freiwilliger Basis kann man sich mit genügend gutem Willen auf beiden Seiten auch gleich auf die Geld-zurück-Variante oder eine Kaufpreisminderung einigen. Vor allem bei reinen Schönheitsfehlern ist es für beide Seiten oft sinnvoll, die Angelegenheit mit einem nachträglichen Rabatt zu bereinigen.

Fristen für private und gewerbliche Kunden

Wer einen Mangel reklamiert, muss dies innerhalb bestimmter Fristen tun. Dabei gibt es Unterschiede – je nachdem, ob der Käufer als privater Verbraucher oder als Unternehmen auftritt. Wichtig zu wissen: Wenn ein Selbstständiger einkauft, ist er so lange Privatverbraucher, wie er die Waren oder Dienstleistungen für seinen persönlichen Bedarf und nicht für betriebliche Zwecke einsetzt.

Privatverbraucher können sich in der Regel darauf verlassen, dass sie beim Kauf neuer Waren eine zweijährige Gewährleistungsfrist in Anspruch nehmen können. Allerdings muss im Reklamationsfall der Käufer nachweisen, dass der Schaden aufgrund eines bereits beim Kauf bestehenden Mangels – etwa wegen eines Materialfehlers – und nicht durch unsachgemäße Benutzung aufgetreten ist. Eine Umkehr der Beweislast gibt es bei Mängelrügen innerhalb der ersten sechs Monate: Bis zu diesem Zeitpunkt muss der Verkäufer den Beweis der unsachgemäßen Benutzung führen, wenn er die Ansprüche abwehren will. Davon abweichende Bedingungen zulasten des Käufers dürfen nur vereinbart werden, wenn es sich beim Käufer um ein Unternehmen handelt.

Beim Kauf gebrauchter Güter gilt eine Gewährleistungsfrist von einem Jahr, die nur dann ausgeschlossen werden kann, wenn das Geschäft zwischen zwei Privatverbrauchern oder zwischen zwei Unternehmen abgeschlossen wurde. Dies kann jedoch nicht im Rahmen der standardisierten Allgemeinen Geschäftsbedingungen (AGB) geschehen, sondern muss als individuelle Vereinbarung in den Vertrag aufgenommen werden.

Wichtig in diesem Zusammenhang ist die Trennung der gern in einen Topf geworfenen Begriffe „Gewährleistung" und „Garantie". Die oben beschriebenen Fristen beziehen sich auf die gesetzlich geregelte Gewährleistung, die nicht zum Nachteil des Käufers verändert werden darf. Über die Gewährleistung hinaus können Händler oder Hersteller freiwillige Garantieleistungen anbieten, die wiederum mit unterschiedlichen Bedingungen verknüpft werden können. Typische Beispiele sind Garantien von Autoherstellern nach folgendem Muster: „Die Garantie endet beim Erreichen eines Kilometerstands von 100.000 Kilometern, spätestens jedoch nach fünf Jahren."

Die Mängelhaftung von Händler und Hersteller

Wenn Sie Hersteller des Produkts sind, das Sie an den End-kunden verkaufen, ist die Sachlage denkbar einfach: Bei Mängeln reklamiert der Kunde direkt bei Ihnen und Sie müs-sen den Fehler dann ausbügeln.

Etwas komplizierter ist es, wenn Sie als Händler auftreten und Produkte verkaufen, die ein anderes Unternehmen her-gestellt hat. Zunächst einmal sind Sie derjenige, der dem Kunden das fehlerhafte Produkt verkauft hat, und damit kann er sich mit seiner Reklamation an Sie wenden. Sie kön-nen nicht von dem Kunden verlangen, dass er direkt beim Hersteller reklamiert. Sie bleiben jedoch in aller Regel nicht auf dem Schaden sitzen, weil der Hersteller Ihnen als Händ-ler gegenüber für Mängel haftet. Damit muss der Händler das fehlerhafte Produkt reparieren oder für eine kostenlose Ersatzlieferung sorgen. Voraussetzung dafür ist, dass es sich um einen versteckten Mangel handelt, den Sie bei der Lieferung der Ware nicht erkennen konnten.

 Tipp: Gelieferte Waren genau kontrollieren

Um das Risiko zu minimieren, dass Sie als Händler auf Re-klamationsansprüchen sitzen bleiben, sollten Sie bei jeder Lieferung die Ware sorgfältig kontrollieren und fehlerhafte Produkte umgehend an den Hersteller zurückschicken.

Produkthaftung

Dass durch einen Mangel ein Produkt nicht benutzbar ist, ist eine Sache. Eine andere ist es, wenn es für den Nutzer gefährlich wird, weil etwa bei einem Elektrogerät die Sicher-heitsbestimmungen nicht eingehalten worden sind oder im Material enthaltene Giftstoffe die Gesundheit angreifen.

In solchen Fällen gilt: Wenn durch ein fehlerhaftes Produkt dem Benutzer ein Schaden entsteht, dann haftet der Hersteller dafür und muss nicht nur das Produkt zurücknehmen, sondern möglicherweise auch noch Schadensersatz oder Schmerzensgeld zahlen.

Eine Sonderregelung gibt es, wenn es sich um Importware handelt, die nicht aus der Europäischen Union (EU) stammt. Weil bei dieser Konstellation der Hersteller rechtlich meist nicht greifbar ist, haftet der Importeur.

[ ] **Tipp: Ansprüche durch die Versicherung abdecken**

Auch im Hinblick auf die Produkthaftung ist der Abschluss einer Berufs- oder Betriebshaftpflicht-Versicherung dringend ratsam, wenn Sie Waren selbst herstellen oder aus Ländern außerhalb der EU importieren. Mit dieser Police können nämlich auch Ansprüche aus der Produkthaftung abgedeckt werden.

Lieferverzug

Selbst wenn Sie sich größte Mühe geben, Ihre Bestellungen pünktlich abzuarbeiten, kann mal etwas schiefgehen. Krankheit oder Verspätungen bei Ihren Lieferanten können dazu führen, dass auch ein sorgfältig aufgestellter Terminplan nutzlos wird. Leider wird dann so mancher Kunde schnell unangenehm, plötzlich kommen Forderungen nach Preisreduzierung oder sogar Auftragsstornierungen auf Sie zu. Zunächst gilt es, Ihre Rechte und Pflichten zu kennen.

Mit der Zusage, die Lieferung oder Leistung bis zu einem bestimmten Termin zu erfüllen, stehen Sie ganz klar in der Pflicht. Wenn Sie diesen Zeitpunkt verstreichen lassen, befinden Sie sich im Lieferverzug und haben damit bereits die „Gelbe Karte". Nun kann Ihnen der Kunde eine Nachfrist setzen, über deren Länge vor Gericht häufig gestritten wird.

Der Gesetzgeber schreibt lediglich vor, dass es sich um eine angemessene Nachfrist handeln muss. Will heißen: Wenn es um einen Auftrag geht, den Sie in zwei Stunden erledigen können, darf die Nachfrist deutlich kürzer sein als bei einem komplexen Projekt, das sich schon von vornherein über Wochen hinzieht. Erfolgt auch nach Ablauf der Nachfrist keine Lieferung, darf der Kunde vom Vertrag zurücktreten und unter bestimmten Voraussetzungen sogar Schadensersatz verlangen.

Nicht nur zur Vermeidung der juristischen Risiken sollte die Termintreue oberste Priorität haben. Wer pünktlich liefert und ein bisschen teurer ist als andere, ist beim Kunden oftmals beliebter als der unzuverlässige Billigheimer.

[] **Tipp: Verzögerungen mit dem Kunden persönlich klären**

Wenn doch einmal etwas schiefgeht, sollten Sie so früh wie möglich mit dem Kunden in Kontakt treten und eine einvernehmliche Lösung suchen. Das ist zwar oft eine unangenehme Aufgabe, doch damit können Sie erreichen, dass sich die Verärgerung des Kunden in Grenzen hält und er vielleicht dank eines zusätzlichen Serviceangebots als Ausgleich nicht knallhart auf seine Rechte pocht.

Wie Sie Ihre Ausfallrisiken reduzieren

Im Kapitel „Kalkulieren und Finanzieren" wurde bereits erläutert, wie das zügige Ausstellen von Rechnungen die Finanzierungsstruktur des Unternehmens ganz unabhängig von dessen Größe erheblich verbessert. Allerdings ist mit dem Abschicken der Rechnung das Geld noch lange nicht auf dem Konto. Rund ein Viertel der Rechnungen, so eine Studie der Wirtschaftsauskunftei Creditreform, wird erst später als einen Monat nach Eingang bezahlt. Auftraggeber der öffentlichen Hand lassen sich sogar noch mehr Zeit –

hier erhalten nur rund zwei Drittel der Lieferanten und Dienstleister ihr Geld innerhalb eines Monats.

Auch Sie sind gegen Zahlungsverzug und Ausfälle nicht gefeit – und gerade die Miniunternehmen trifft es im Fall des Falles meist besonders hart. Weil solche „Einzelkämpfer" nicht dieselbe Kapitaldecke wie ein größeres Unternehmen haben, leben viele in betriebswirtschaftlicher Hinsicht von der Hand in den Mund.

Wenn Sie ständig eine Bugwelle überfälliger Rechnungen vor sich herschieben, sind Sie gleich in mehrfacher Hinsicht benachteiligt. Weil Sie Ihrem Kunden praktisch einen zinslosen Kredit gewähren, der unter Umständen über den Minussaldo auf Ihrem Girokonto finanziert werden muss, werden durch säumige Kunden die Zinskosten für Sie in die Höhe geschraubt. Dazu kommt der Verwaltungsaufwand für das Mahnen und Nachfassen.

Die entscheidende Frage lautet also: Wie können Sie Ihre Kunden motivieren, möglichst schnell zu bezahlen? Ein wirksames Mittel ist das Einräumen eines Skontos, wie zum Beispiel in Form folgender Zahlungsbedingung: „Rechnung zahlbar bis zum 4.11.2011 mit 3% Skonto oder bis zum 24.11.2011 ohne Abzug". Den Skontobetrag berücksichtigen Sie natürlich schon im Voraus in Ihrer Kalkulation, sodass – aus Ihrer Sicht gesehen – derjenige einen Zuschlag von 3% bezahlt, der seine Rechnung erst nach 30 Tagen begleicht.

[ ] Tipp: Konkretes Zahlungsziel angeben

Beim Ausstellen von Rechnungen sollten Sie als Zahlungsziel ein konkretes Datum vorgeben. „Zahlbar bis zum 24.11.2011" ist besser als „Zahlbar innerhalb von 14 Tagen". Der Grund: Bei einem klaren Datum beginnt ab diesem Zeitpunkt die Verzugsfrist und Sie können gegebenenfalls Verzugszinsen verlangen.

Damit Sie sich einen detaillierten Überblick über den aktu-
ellen Saldo Ihrer offenen Forderungen verschaffen können,
ist es notwendig, dass Ihre Buchhaltung immer auf dem Laufenden ist. Im Abstand von etwa zwei bis vier Wochen sollten
Sie Ihre überfälligen Außenstände durchgehen und prüfen,
ob eine Mahnung geschrieben werden muss. Dabei gilt die
Faustregel, dass Sie nach dem Tag der Fälligkeit mit der ersten Mahnung noch etwa eine Woche warten sollten.

Wenn Sie offene Forderungen anmahnen, stecken Sie zumeist in der Zwickmühle. Auf der einen Seite wollen Sie
für die erbrachte Leistung Ihr wohlverdientes Geld sehen.
Andererseits möchten Sie den Kunden auch nicht mit allzu
rüden Formulierungen verärgern. Deshalb empfiehlt sich das
Prinzip der „schrittweisen Steigerung" im Umgangston. Im
Folgenden ein paar Tipps, wie Sie den gemahnten Kunden
ansprechen können:

- **1. Mahnung:** Hier pflegen Sie noch einen sehr höflichen
  Ton und bezeichnen das Mahnschreiben als „Zahlungser-
  innerung". Schließlich kann es ja auch vorkommen, dass
  Ihr Kunde aus irgendwelchen Gründen Ihre Rechnung
  nicht erhalten hat. Am Schluss sollten Sie ihn bitten, Ihre
  Rechnung innerhalb einer Woche zu begleichen.

- **2. Mahnung:** Sie bleiben zwar höflich, doch der Ton
  darf ruhig bestimmter sein als bei der ersten Mahnung.
  Dass Ihr Kunde sowohl Ihre Rechnung als auch die erste
  Mahnung nicht erhalten hat, ist eher unwahrscheinlich.
  Fordern Sie den säumigen Zahler mit Bestimmtheit auf,
  die Rechnung innerhalb einer Woche endgültig zu begleichen.

- **3. Mahnung:** Jetzt wird es ernst. Weisen Sie Ihren Kunden darauf hin, dass Sie ihn bereits zweimal erfolglos
  gemahnt haben, setzen Sie ihm eine letzte Frist von einer
  Woche und kündigen Sie an, im Falle des weiteren Ver-

zugs gerichtliche Schritte einzuleiten. Dies hinterlässt bei den meisten schlampigen Zahlern Eindruck und macht ihnen Beine.

Wenn sich der Kunde im Zahlungsverzug befindet, können Sie ihm Verzugszinsen in Rechnung stellen. Laut Paragraf 288 BGB darf der Verzugszins 5 Prozentpunkte über dem von der Bundesbank veröffentlichten Basiszinssatz liegen. Wenn beide Geschäftspartner entweder gewerblich oder im Rahmen ihrer freiberuflichen Tätigkeit handeln, liegt der Zinssatz 8 Prozentpunkte über dem Basiszins. Der Zeitraum, in dem Verzugszinsen berechnet werden dürfen, beginnt am Folgetag der Fälligkeit der Forderung und endet am Tag des Zahlungseingangs.

In allen Branchen gibt es schwarze Schafe, die sich auch nach der dritten Mahnung in Schweigen hüllen. Jetzt sind Sie unter Zugzwang, denn Sie haben ja dem säumigen Zahler rechtliche Konsequenzen angedroht. Was können Sie nun tun, um trotzdem noch Ihr Geld zu erhalten? Das hängt davon ab, welcher Gruppe Ihr Schuldner angehört: der Gruppe derjenigen, die nicht bezahlen können, oder derjenigen, die nicht bezahlen wollen. Das können Sie mit einem Anruf leicht herausfinden, denn die, die knapp bei Kasse sind, legen die Karten meist recht schnell auf den Tisch.

Ist Ihr Kunde in echten Geldnöten, sollten Sie es sich zweimal überlegen, ob Sie gleich den gerichtlichen Eintreibungsweg mit Mahnbescheid und Pfändung einschlagen sollten. Bieten Sie ihm lieber mit einer teilweisen Stundung seiner Schulden oder Ratenzahlung die Möglichkeit, seine Verbindlichkeiten „abzustottern". Die Milde ist purer Selbstzweck: Wenn Sie dem säumigen Zahler den Gerichtsvollzieher schicken und ihn womöglich sogar zur Eröffnung eines Insolvenzverfahrens zwingen, bekommen Sie vielleicht 10 oder 20 Prozent Ihrer ursprünglichen Forderung aus der Insolvenzmasse. Deshalb: Auch wenn Sie auf dem außergerichtlichen Weg nur noch die Hälfte des Rechnungsbetrags bekommen, haben Sie immerhin den Totalausfall vermieden.

Hart bleiben sollten Sie jedoch, wenn Ihr Kunde eigentlich zahlen könnte, sich aber vor dem Begleichen seiner Verbindlichkeiten drücken will. Das merken Sie dann, wenn plötzlich nach der dritten Mahnung ominöse Mängel reklamiert oder Vereinbarungen infrage gestellt werden. Nehmen Sie nochmals alle Unterlagen des Auftrags zur Hand und kontrollieren Sie, ob Ihre Forderung uneingeschränkt berechtigt ist. Achten Sie dabei auf die Einhaltung von Preisabsprachen, Lieferterminen und Ausführung und bieten Sie im Fall einer berechtigten Reklamation einen angemessenen Forderungsnachlass an. Will der Kunde diesen Vorschlag nicht akzeptieren, lohnt sich meist der Gang zum Rechtsanwalt, der gemeinsam mit Ihnen die weiteren Schritte in Form von Mahnbescheid und Pfändung veranlasst und Sie bei einem eventuellen Gerichtsverfahren vertritt. Geht der Prozess für Sie erfolgreich aus, muss Ihr Prozessgegner Ihnen nicht nur die volle Forderung, sondern auch die daraus entstandenen Verzugszinsen, Anwalts- und Gerichtskosten erstatten.

Angeblich kein Auftrag erteilt?

Zuweilen wollen sich Auftraggeber vor ihrer Zahlungspflicht drücken, indem sie bestreiten, überhaupt einen Auftrag erteilt zu haben. Vor allem Dienstleister, die in solchen Fällen keine gelieferte Ware zurückfordern können, haben mit diesem Problem zu kämpfen.

Beispiel

Ein Unternehmen beauftragt Sie als Werbetexter mit dem Verfassen eines Werbebriefs und behauptet beim Erhalt der Rechnung, dass mangels schriftlicher Bestellung kein Auftrag erteilt worden sei und daher die Rechnung nicht bezahlt werden müsse.

Lassen Sie sich von solchen Winkelzügen nicht einschüchtern. In dem Moment, in dem der Kunde den Auftrag erteilt und der Auftragnehmer diesen angenommen hat, gilt der Vertrag als geschlossen – und zwar unabhängig davon, ob dies schriftlich oder mündlich stattfand. Nur ganz wenige Geschäfte, wie beispielsweise der Kauf und Verkauf von Grundbesitz, sind ohne schriftliche Form unwirksam.

Allerdings gilt in Deutschland der Grundsatz, dass der Gläubiger gegenüber dem Schuldner seinen Anspruch nachweisen muss. Weil bei mündlichen Aufträgen dann Aussage gegen Aussage stehen kann, ist dies nicht immer so einfach zu bewerkstelligen. Daher empfiehlt es sich, dem Kunden bei mündlich erteilten Aufträgen eine schriftliche Bestätigung zu schicken, in der Umfang, Preis und Termin nochmals zusammengefasst werden.

! Wichtig

Ein klares Indiz für eine Auftragserteilung und damit für das Zustandekommen eines Vertrags kann auch das sogenannte schlüssige Handeln sein. Wenn im oben genannten Beispiel das Unternehmen Ihren Werbetext verwendet, dann hat es auch ohne ausdrückliche Zusage den Vertrag angenommen.

Finanzielle und rechtliche Risiken rund ums Internet

Gerade für nebenberuflich Selbstständige ist das Anbieten von Dienstleistungen und Waren übers Internet ein äußerst beliebter Absatzkanal geworden. Günstige Preise für Online-Server – das sogenannte Hosting – und die Möglichkeit, selbst mit minimalen Budgets dank einfach zu bedienender Baukastensysteme eine Website oder einen Onlineshop zu erstellen, haben das Geschäftemachen im weltweiten Datennetz auch für Miniunternehmen erschwinglich gemacht.

Doch während selbst für den nebenberuflich betriebenen Wochenend-Gartenservice die Onlinevisitenkarte zum guten Ton gehört, sind auch die Risiken gestiegen, die für Selbstständige mit der Nutzung des Internets als Marketinginstrument verbunden sind. Damit hat die Medaille wie so oft zwei Seiten: Einerseits bietet das Internet Kleinunternehmern die Möglichkeit, Kunden praktisch in aller Welt zu erreichen – doch auf der anderen Seite werden immer mehr Internetunternehmer zu Opfern von Betrügern oder tappen in juristische Fallen.

Wenn Sie einen Onlineshop betreiben oder Ihre Dienstleistungen im Internet anbieten, sollten Sie daher die Fallstricke kennen. Oft können Sie mit einfachen Maßnahmen das Risiko von Forderungsausfällen, Betrügereien oder teuren Abmahnungen wirkungsvoll reduzieren.

Was ist eine Abmahnung?

Mit einer Abmahnung werden Sie als Unternehmer formal aufgefordert, eine bestimmte rechtswidrige Handlung unverzüglich zu unterlassen oder einen rechtswidrigen Zustand zu korrigieren. Damit verbunden ist in aller Regel die Androhung, Sie auf eine bestimmte Schadensersatzsumme zu verklagen, wenn Sie der Aufforderung nicht nachkommen.

Abmahnungen werden normalerweise von Rechtsanwälten geschickt, die den dafür anfallenden Zeitaufwand dem Empfänger zu hohen Honoraren in Rechnung stellen können. Berüchtigt sind die Versender von Massenabmahnungen, die gezielt das Internet nach Formfehlern auf Websites durchforsten und schon beim kleinsten Verstoß Geld fordern. Dieses Vorgehen bewegt sich in einer rechtlichen Grauzone, kann aber beim Bestehen tatsächlich abmahnfähiger Fehler kaum abgewehrt werden.

Als Reaktion auf die Abmahnung haben Sie die Wahl zwischen der Anerkennung und der Anfechtung:

- Mit der Anerkennung der Abmahnung muss üblicherweise eine Unterlassungserklärung abgegeben werden, die im Wiederholungsfall eine hohe Vertragsstrafe nach sich zieht. Das ist der gangbare Weg, wenn der angemahnte Tatbestand unstrittig ist und die Höhe sowohl des Streitwerts als auch der Vertragsstrafe angemessen erscheint. In diesem Fall hat der Abgemahnte die Auslagen des Absenders zu tragen.

- Wenn Sie sich hundertprozentig sicher sind, dass die Abmahnung jeder rechtlichen Grundlage entbehrt – was häufig nur ein Rechtsanwalt beurteilen kann –, dann können Sie die Abmahnung anfechten und es auf einen Prozess ankommen lassen. Im Gefolge einer Abmahnung kann Ihnen jedoch eine einstweilige Verfügung ins Haus flattern, die Ihnen die Fortführung der strittigen Handlungsweise so lange untersagt, bis ein Gericht die Sachlage geklärt hat. Dies können Sie – mit eingeschränkten Erfolgsaussichten – nur verhindern, indem Sie gleich nach dem Eintreffen der Abmahnung eine Schutzschrift bei dem Gericht hinterlegen, das der Abmahner voraussichtlich für die einstweilige Verfügung anrufen wird. Dann muss das Gericht vor dem Erlassen der einstweiligen Verfügung Ihre Argumente prüfen.

[ ] Tipp: Das kleinere Übel wählen

Trotz vieler juristischer Fragezeichen ist es oft sinnvoller, in den sauren Apfel zu beißen und die Abmahngebühren zu zahlen, anstatt sich auf die Unwägbarkeiten eines Gerichtsprozesses einzulassen.

Abmahnungsfallen bei Internetseiten ohne Shop

Eine beliebte Fundgrube für Abmahnungsabkassierer sind die Angaben im Impressum des Internetauftritts. Nach dem Telemediengesetz (TMG) muss jeder, der zu geschäftlichen Zwecken eine Internetseite betreibt, dort eine ordnungsgemäße Anbieterkennzeichnung – das Impressum – unterbringen. Dazu gehören zwingend die folgenden Angaben:

- vollständiger Name und Anschrift des Anbieters,
- bei juristischen Personen (GmbH, UG etc.) Name des vertretungsberechtigten Geschäftsführers,
- falls vorhanden: Angaben zum Eintrag ins Handelsregister,
- falls vorhanden: Umsatzsteuer-ID,
- Telefonnummer und E-Mail-Adresse.

Das Impressum sollte auf jeden Fall von der Startseite und allen Unterseiten direkt aufgerufen werden können. Wenn das Impressum direkt anklickbar ist und die oben genannten Angaben enthält, dann brauchen Sie nicht zu befürchten, sich eine Abmahnung wegen fehlerhafter Anbieterkennzeichnung einzufangen.

! Vorsicht

Teuer kann ein sorgloser Umgang mit dem geistigen Eigentum anderer Urheber werden. Unzulässig ist es beispielsweise, einfach Fotos von anderen Internetseiten zu kopieren und auf die eigene Website zu stellen. Wenn Sie das tun, darf derjenige, der die Rechte am Bild besitzt, von Ihnen Schadensersatz verlangen. Sie müssen also die Bilder entweder selbst aufnehmen oder die Rechte daran legal erwerben.

Gleiches gilt für Texte: Auch hier dürfen Sie nicht einfach in fremden Gefilden wildern und nach dem „Copy and Paste"-Verfahren Texte irgendwo herauskopieren und in Ihre eigene Website einfügen. Ebenso wenig ist es erlaubt, Zeitungsausschnitte einzuscannen und auf der eigenen Internetseite zu veröffentlichen – es sei denn, Sie hätten zuvor die ausdrückliche Genehmigung der Zeitung eingeholt.

[ ] Tipp: Fotos bei Microstock-Fotoagenturen preiswert kaufen

Preisgünstige Fotos gibt es bei sogenannten Microstock-Fotoagenturen, wo Sie für wenige Euro die Nutzungsrechte an Bildern von Amateur- und Profifotografen erwerben können. Einschlägige Anbieter sind beispielsweise Fotolia (www.fotolia.de), iStockphoto (www.istockphoto.com) oder Photocase (www.photocase.de).

Aufpassen sollten Sie überdies, wenn Sie zwar keinen Onlineshop betreiben, aber die Preise für Ihre Waren oder Dienstleistungen auf Ihrer Internetseite veröffentlichen. In den allermeisten Fällen ist es zwingend erforderlich, den Preis inklusive Umsatzsteuer anzugeben (siehe dazu auch das Kapitel „Umsatzsteuer" ab Seite 118). Das gilt auch dann, wenn Sie sich mit Ihren Leistungen vorrangig an Unternehmenskunden und nur in Ausnahmefällen an Privatkunden wenden.

Beispiel

Wenn Sie ein Produkt mit der Preisangabe „100,- Euro zuzüglich 19% USt." anbieten, können Sie unter Umständen eine teure Abmahnung wegen Verstoßes gegen die Preisangabenverordnung (PAngV) einfangen. Wollen Sie Unternehmenskunden auf den günstigen Nettopreis aufmerksam machen, müssen Sie zumindest „100,- Euro zuzüglich 19% USt. = 119,- Euro brutto" ausweisen.

Abmahnungsfallen bei Onlineshops

Auch bei Onlineshops müssen Impressum & Co. wasserdicht formuliert und die Bilder und Texte in Ihrem Eigentum befindlich sein. Dazu kommen weitere Spielregeln, bei denen

aus Sicht des Verbrauchers in erster Linie die Preistranspa-
renz und der Datenschutz im Vordergrund stehen.

Hier die wichtigsten Angaben, die in keinem Onlineshop
fehlen dürfen:

- **Datenschutz:** Wenn Ihr Shop Kundendaten sammelt –
  was in aller Regel der Fall ist –, dann müssen Sie den Nutzer darüber informieren und dafür geradestehen, dass die
  Daten bei Ihnen sicher sind und nicht an Dritte weiterge-
  geben werden. Wenn Sie mit E-Mail-Newslettern arbeiten,
  müssen Sie die Zustimmung zum Erhalt ausdrücklich einholen. Kästchen mit voreingestelltem „Ja", die der Kunde
  deaktivieren muss, um keinen Newsletter zu bekommen,
  sind nicht verbraucherfreundlich und rechtlich fragwür-
  dig. Die Datenschutzerklärung muss dem Kunden vor dem
  Abschluss der Bestellung zur Verfügung gestellt werden
  und er sollte mit einem Klick auf ein Bestätigungskäst-
  chen dokumentieren, dass er diese gelesen hat.

- **Produktbeschreibung und Preise:** Die Beschreibung der
  Produkte muss wahr und vollständig sein. Außerdem
  dürfen die Produktabbildungen keine Urheberrechte
  verletzen. Die Preisangaben müssen vollständig und die
  Umsatzsteuer muss enthalten sein.

- **Versandkosten:** Vor dem Einleiten des Bestellvorgangs
  muss klar ersichtlich sein, wie hoch die konkreten
  Versandkosten sind. Das gilt auch für Lieferungen ins
  Ausland. Klauseln wie „Preise für Auslandsversand auf
  Anfrage" sind abmahnungsgefährdet.

- **Widerrufsbelehrung:** Privatkunden können per Internet
  geschlossene Verträge innerhalb von 14 Tagen widerru-
  fen. Vor dem Abschluss der Bestellung muss der Kunde
  beispielsweise durch Aktivierung eines Kästchens bestätigen, dass er die Widerrufsbelehrung zur Kenntnis

genommen hat. Ein Muster finden Sie online beim Bundesjustizministerium (www.bmj.de), wenn Sie in die Suchleiste den Begriff „Widerrufsbelehrung" eingeben.

Insgesamt muss der Bestellvorgang transparent und übersichtlich gestaltet sein, damit der Kunde nicht aus Versehen eine Bestellung abschickt. Vor dem endgültigen Vertragsabschluss muss dem Kunden nochmals die gesamte Bestellung mitsamt allen Versand- und Nebenkosten angezeigt werden. Erst wenn er die Bestellung dann nochmals ausdrücklich bestätigt, werden die Daten übermittelt.

Im Anschluss an die Bestellung sollte der Kunde umgehend eine E-Mail mit einer Bestellbestätigung erhalten, die nochmals alle Bestelldaten enthält. Auch in der Mail dürfen die Kernangaben – vollständige Absenderadresse, Produkt, Anzahl, Einzel- und Gesamtpreis, Versandkosten, Hinweis auf die Widerrufsbelehrung – nicht fehlen.

[ ]   **Tipp: Das richtige Onlineshop-Programm**

Achten Sie beim Einsatz von Onlineshop-Programmen darauf, dass es sich um ein Programm handelt, das von Profis an die deutsche Rechtslage angepasst worden ist und sich in Deutschland bereits erfolgreich im Einsatz befindet.

Zahlungsrisiken im Onlinehandel

Das Thema „Zahlungsmoral" ist in der Onlinebranche ein heißes Eisen. Immer wieder zeigen Studien, dass Kunden bei Onlinebestellungen nachlässiger mit dem Zahlungsziel umgehen als bei Bestellungen aus dem klassischen gedruckten Versandkatalog. Zuweilen ist sogar eine regelrechte Bandenkriminalität erkennbar, bei der Betrüger gezielt auf die Suche nach Onlinehändlern mit großzügigen Zahlungsbedingungen gehen und dann mit der auf Rechnung bestellten Lieferung auf Nimmerwiedersehen verschwinden.

Große Versandhändler haben die Möglichkeit, sich durch eine Mitgliedschaft bei der Schufa oder die Zusammenarbeit mit Wirtschaftsauskunfteien gegen eine allzu hohe Missbrauchsquote zu schützen. Doch für Betreiber von kleinen Onlineshops sind die dafür anfallenden Kosten meist zu hoch.

Auf der anderen Seite sind immer weniger Kunden bereit, Vorkasse zu leisten und zu warten, bis nach Eintreffen der Zahlung die Ware versandt wird. Hier musste nämlich schon so mancher Käufer die bittere Erfahrung machen, dass der Betrug auch auf dem umgekehrten Weg funktioniert: Nach dem Bezahlen des vermeintlichen Schnäppchens wartet der Kunde vergebens auf die Lieferung und irgendwann stellt sich heraus, dass sich der Kontoinhaber mit dem Geld einfach davongemacht hat.

Damit stehen Sie als Shopbetreiber vor einem Dilemma: Mit der aus Ihrer Sicht sicheren Zahlungsmethode schrecken Sie einen Teil der Käufer ab und müssen auf einen gewissen Umsatzanteil verzichten und bei anderen Zahlungsbedingungen können Sie Restrisiken nicht vermeiden. Die Vor- und Nachteile der gängigsten Alternative zur Vorkasse und Lieferung auf offene Rechnung im Überblick:

■ **Lastschrift:** Das Lastschriftverfahren ist aus Sicht des Kunden verbraucherfreundlich, weil das überwiesene Geld zum Beispiel bei Nicht- oder Falschlieferung innerhalb von acht Wochen einfach zurückgeholt werden kann. Das birgt jedoch für den Händler das Risiko, dass nach Eintreffen der Lieferung die Lastschrift rückgängig gemacht wird und der Verkäufer seinem Geld hinterherlaufen muss. Andererseits ist das Lastschriftverfahren eine sehr einfach zu handhabende Zahlungsweise, die sich problemlos in die meisten Onlineshopsysteme integrieren lässt. Geeignet ist das Verfahren vor allem für Händler, die eher kleinere Einzelumsätze haben und als Preis für den höheren Kundenzustrom einen gewissen Anteil an Ausfällen verkraften können.

■ **Nachnahme:** Beim Versand per Nachnahme zahlt der Empfänger den Kaufpreis an den Paketboten und kann anschließend die Sendung in Empfang nehmen. Problematisch aus Sicht des Käufers: Eine Prüfung des Inhalts ist vor dem Bezahlen nicht möglich. Außerdem sind mit dem Verfahren vergleichsweise hohe Versandgebühren verbunden. Der Versand per Nachnahme eignet sich damit eher für wertvollere Einzelsendungen.

■ **Kreditkarte:** Dieses einfach zu handhabende und risikoarme Zahlungsverfahren wird in der Regel von Dienstleistern angeboten, die entsprechende Programmmodule für Shopsysteme zur Verfügung stellen. Damit verbunden ist zumeist eine monatliche Grundgebühr zuzüglich einer Provision auf die abgewickelten Umsätze. Lohnenswert ist der Einbau der Kreditkartenzahlung erst dann, wenn Sie höhere Umsätze in Ihrem Onlineshop erwarten.

■ **Treuhandsysteme:** Systeme wie PayPal oder ClickandBuy bieten Verbrauchern einfache Zahlungsverfahren an, bei denen meistens die Eingabe von Benutzername und Passwort genügt. Hier fällt entweder eine transaktionsabhängige Gebühr oder eine Kombination aus monatlicher Grundgebühr plus Transaktionsgebühr an. Nachteil: Nur Kunden, die ein Konto beim Systemanbieter haben, können diesen Zahlungsweg nutzen.

■ **Anbindung an Shopping-Plattformen:** Große Onlineanbieter wie eBay, Amazon, Yatego oder DaWanda bieten kleinen Shopbetreibern an, deren Infrastruktur zu nutzen und ihre Produkte in einer virtuellen Einkaufspassage anzubieten. Damit können Sie sich praktisch als kleiner Laden in einem großen Einkaufszentrum einmieten. Üblicherweise verlangen die Betreiber eine monatliche Grundgebühr zuzüglich einer umsatzabhängigen Provision. Als Gegenleistung erhalten Sie eine Shoppräsenz in einem gut frequentierten Umfeld und die Zahlungsabwicklung durch den Plattformbetreiber. Überlegenswert ist diese Variante, wenn Sie sich nicht mit dem Einrichten von Zahlungsmodulen befassen wollen und Ihre Umsatzerwartungen so hoch sind, dass die Gebühren wieder hereingespielt werden.

Dass es keine Patentlösung gibt, zeigen Studien, die das Zahlungsverhalten von Verbrauchern im Onlinehandel unter die Lupe nehmen. So ergab eine Untersuchung des E-Commerce-Center Handel (ECC) im Dezember 2012, dass unterschiedliche Zahlungssysteme in einem lebhaften Wettbewerb zueinander stehen. Auffällig ist dabei der hohe Marktanteil des Treuhandanbieters PayPal, der im Vergleich zu früheren Untersuchungen deutlich zulegen konnte. Allerdings sind solche Zahlen mit Vorsicht zu genießen, da je nach Selektion der befragten Unternehmen durchaus unterschiedliche Marktanteile und Rangfolgen herauskommen können. Hier die Ergebnisse der ECC-Studie im Überblick:

Zahlungsverfahren	Umsatzanteil
PayPal	29,2 %
Rechnung	18,0 %
Lastschrift	14,5 %
Kreditkarte	12,4 %
Vorkasse	7,5 %
Sonstige (Nachnahme, andere Treuhandsysteme etc.)	18,4 %

AGB: Mythos und Wahrheit

Um die Allgemeinen Geschäftsbedingungen (AGB), die gern
auch als das „Kleingedruckte" bezeichnet werden, rankt
sich so manche Legende. Dem ein oder anderen Existenzgründer wird gesagt, dass er ohne eigene AGB praktisch
dem Untergang geweiht sei, weil ihn dann jeder Geschäftspartner nach Belieben über den Tisch ziehen könne. Andere
wiederum behaupten, die AGB seien vollkommen nutzlos,
weil sie juristisch ausgehebelt werden können. Die Wahrheit
liegt wie so oft in der Mitte.

Grundregeln zu den AGB

Bei den AGB handelt es sich um vorformulierte Vertrags-
bedingungen, die nicht individuell ausgehandelt werden,
sondern beim Vertragsabschluss beigelegt werden. Dabei
ist es unerlässlich, dass dem Geschäftspartner die AGB
vor dem Abschluss des Vertrags vorliegen und dieser nicht
widerspricht. Das kann in der Praxis bedeuten: Wenn Ihr
Kunde bestreitet, die AGB erhalten zu haben, und Sie nicht
das Gegenteil beweisen können, haben Sie Pech gehabt.

Der Inhalt der AGB hängt stark von der Branche ab. So kann
beispielsweise bei Selbstständigen in kreativen Berufen
wie Grafikern, Textern oder Fotografen über die AGB geregelt werden, welche Nutzungs- und Verwertungsrechte der
Kunde beanspruchen darf. Auch die Liefer- und Zahlungsbedingungen sowie die Modalitäten bei Verzug oder Reklamationen sind häufig in den AGB zu finden.

Allerdings werden den Klauseln durch die Paragrafen 305
bis 310 im Bürgerlichen Gesetzbuch (BGB) Grenzen gesetzt.
So dürfen Geschäftspartner zum Beispiel nicht unangemes-
sen benachteiligt werden und geltende gesetzliche Grundregeln lassen sich über AGB nicht aushebeln.

AGB im Geschäft mit privaten Verbrauchern

Besonders geschützt gegen nachteilige AGB-Klauseln sind
private Verbraucher. Die nachfolgenden Überlegungen können Sie sich gleich aus dem Kopf schlagen, weil sie in aller
Regel von vornherein unwirksam sind:

■ Einschränkung des gesetzlichen Widerrufsrechts bei
  Fernabsatzverträgen,
■ Verkürzung der Gewährleistungsfrist,
■ Vorbehalt von Preiserhöhungen zwischen Vertrags-
  abschluss und Lieferung, wenn diese innerhalb von
  vier Monaten erfolgt,
■ Durchführung von Reparaturen nur gegen Vorkasse,
■ Änderung des gesetzlich vorgesehenen Gerichtsstands,
■ Haftungsausschluss bei grober Fahrlässigkeit.

AGB im Geschäft mit anderen Unternehmen

Wenn Ihre Kunden keine privaten Verbraucher, sondern
Unternehmen sind, dann gelten nicht die Regelungen des
Verbraucherrechts. Dennoch lassen sich AGB-Inhalte auch
hier nicht so ohne Weiteres durchsetzen.

Kritisch wird es vor allem dann, wenn Ihr Geschäftspartner
eigene AGB hat, die er wiederum als Basis für seine Ver-
tragsabschlüsse verwendet. Streng genommen kommt kein
Vertrag zustande, solange sich beide Parteien nicht auf eine
übereinstimmende AGB-Fassung geeinigt haben. Weil in
der Praxis meist die Verträge trotz abweichender AGB abgeschlossen werden, hat sich in Streitfällen eine pragmatische
Art der Rechtsprechung herauskristallisiert: Bei überein-
stimmenden Klauseln gelten die AGB, bei sich widerspre-
chenden Klauseln die gesetzlichen Regelungen.

Wenn Sie AGB verwenden wollen, dann sollten Sie nicht ungeprüft irgendwelche Mustervorlagen oder gar das Kleingedruckte von anderen Unternehmen kopieren. Allerdings kann die Erstellung von AGB durch einen Anwalt mehrere Hundert Euro kosten.

[ ] **Tipp: Lieber klare Vereinbarungen im Vertrag**

Um Streitigkeiten vorzubeugen, ist es sinnvoll, wichtige Klauseln wie beispielsweise die Zahlungsbedingungen oder die Verwertungsrechte bei geistigem Eigentum nicht in die AGB auszulagern, sondern individuell in jeden Vertrag einzufügen. Denn: Juristisch gesehen hat eine individuelle Vereinbarung stets mehr Gewicht als das vorformulierte Kleingedruckte.

Erfolgreich werben mit kleinem Budget

„Wer nicht wirbt, der stirbt" – diese Kaufmannsweisheit gilt auch heute noch. Zwar haben sich die Werbemedien und -methoden im Lauf der Jahre und Jahrzehnte gewandelt, aber auch für Kleinunternehmer gehört das Klappern zum Handwerk.

Dass Sie in aller Regel nur einen äußerst begrenzten Etat für Ihre Marketing- und Werbeaktivitäten zur Verfügung haben, sollte Sie nicht entmutigen: Wenn das Geld knapp ist, dann ist eben Kreativität gefragt.

Dreh- und Angelpunkt: die Zielgruppe

Bevor Sie mit der Werbung beginnen, sollte eindeutig klar sein, wen Sie damit erreichen wollen – das ist die sogenannte Zielgruppe. Eine Zielgruppe besteht aus allen Menschen, Firmen und Institutionen, die als Käufer für Ihr Produkt oder Ihre Dienstleistung infrage kommen. Die Zielgruppe des Fahrradhändlers sind theoretisch alle, die gern Fahrrad fahren – in der Freizeit, zur Arbeit oder zur Schule. Die Zielgruppe des Goldschmieds sind alle, die Freude an hochwertigem Schmuck haben und über das nötige Geld verfügen, diesen auch zu kaufen. Die Zielgruppe des Webdesigners sind einerseits Unternehmen, die eine Internetseite benötigen, und andererseits Agenturen, die für die Projekte ihrer Kunden freie Mitarbeiter brauchen.

Dabei ist natürlich zu berücksichtigen, dass die Zielgruppe aus verschiedenen Gründen begrenzt sein kann, zum Beispiel lokal. Die Zielgruppe einer Bäckerei ist meist auf den Wohnort begrenzt, die eines Fachhändlers regional (je nach Konkurrenzsituation), die eines Versandhandels bundesweit und die Zielgruppe eines Spezialanbieters in einer Marktnische kann – auch wenn es sich um einen Kleinbetrieb handelt – international zusammengesetzt sein.

Nun liegt es an Ihnen, Ihre Zielgruppe möglichst treffend einzugrenzen und dann herauszufinden, wie Sie Ihre potenziellen Kunden so kostengünstig wie möglich ansprechen können. Dabei sollten Sie auch so weit wie möglich versuchen, sich in Ihre Zielgruppe hineinzuversetzen. Stellen Sie zu den folgenden Fragen Überlegungen an:

- Sind es eher Akademiker mit Sinn für Differenzierung oder Menschen, die eine klare und einfache Ansprache bevorzugen?

- Sind es **Fachleute**, die Sie möglichst in ihrem Jargon ansprechen sollten, oder **Laien**, denen ein komplizierter Sachverhalt möglichst einfach erklärt werden muss?

- Handelt es sich um **Schnäppchenjäger** oder sind die Menschen in Ihrer Zielgruppe bereit, für besondere Merkmale oder hohe Qualität auch **etwas mehr Geld** auszugeben?

- Spielen besondere **Wertvorstellungen** wie Ökologie, Modebewusstsein oder Avantgardismus in Ihrer Zielgruppe eine herausragende Rolle?

Aus diesen Fragen ergibt sich, mit welchen Argumenten und in welchem Stil Sie Ihre Zielgruppe ansprechen sollten. Dabei ist es immer gut, gedanklich die Seiten zu wechseln und zu bedenken: Wie würden Sie gern angesprochen werden, wenn Sie in der Haut Ihrer Kunden stecken würden?

Das unverwechselbare Erscheinungsbild

Jede Marke braucht ein unverwechselbares Erkennungszeichen: das Logo. In Großunternehmen werden unter dem Titel „Corporate Identity" ganze Handbücher verfasst. Dort wird akribisch festgelegt, in welcher Form und an welchem Platz Logo und Unternehmensfarben in Broschüren, Anzeigen, Werbespots, Internetauftritten oder Briefen aufzutauchen haben.

So streng brauchen Sie dies nicht zu betrachten, sind Sie doch schließlich ein Kleinunternehmen und kein Weltkonzern. Außerdem können Sie schwerlich mal kurz 100.000 Euro in die Entwicklung Ihrer Corporate-Design-Richtlinien mitsamt dazugehörigem Handbuch investieren.

Aber schon mit geringem Aufwand und etwas Konsequenz lässt sich auch für ein Kleinunternehmen ein optischer Wiedererkennungsfaktor schaffen. Dazu benötigen Sie im Wesentlichen drei Bestandteile: das Logo, eine Unternehmensfarbe und eine durchgängig eingesetzte Schriftart.

Ein Logo muss keine teure Angelegenheit sein – vorausgesetzt, Sie lassen sich nicht zig Entwürfe basteln und beauftragen damit keine teure Werbeagentur, sondern einen freiberuflichen Grafikdesigner oder einen Studenten. Schon im niedrigen dreistelligen Euro-Bereich lassen sich professionelle Ergebnisse erzielen. Wichtig ist, dass Sie von vornherein Ihre Vorstellungen klar äußern und dem Auftragnehmer Ihr geschäftliches Vorhaben deutlich beschreiben. Auf diese Weise reduzieren Sie das Risiko, dass der Grafiker mangels brauchbarer Informationen die meiste Zeit für den Papierkorb arbeitet und Sie hinterher zu viel Geld für teilweise überflüssige Arbeit zahlen müssen. Schon beim Skizzieren der ersten Entwürfe sollten die Kriterien für ein gutes Logo vorhanden sein:

- Es stellt möglichst sofort eine erkennbare **Verbindung** zu Ihrem Metier oder zu Ihrem Namen her.

- Ihr Name ist gut **lesbar** und Symbole lassen sich schnell erkennen.

- Das Logo kann auch ohne Farbschattierungen oder Verläufe als reine **Schwarz-Weiß-Variante** etwa für Firmenstempel eingesetzt werden.

- Das **Format** ist so flexibel, dass sich das Logo auf allen gängigen Werbemedien von der Visitenkarte über die Website bis hin zum Plakat verwenden lässt.

Auch die Unternehmensfarbe kann auf subtile Weise Ihren Beruf oder Charakter unterstreichen. Blautöne stehen beispielsweise für Klarheit und werden häufig mit Elementen wie Metall oder Wasser in Verbindung gebracht. Grün wirkt natürlich („bio") und ausgleichend, Rot hingegen dynamisch und auffällig.

Abgerundet wird das Erscheinungsbild durch einheitliche Schriftarten, die Sie möglichst durchgängig verwenden – zum Beispiel eine bestimmte Schriftart für Ihren Namen und Ihre Adressdaten sowie die Korrespondenz.

 Tipp: Nicht zu weit vom Standard entfernen

Im Vordergrund sollte dabei stets die gute Lesbarkeit stehen. Allzu exotische Schriften mögen zwar auffällig sein, wirken aber gerade bei schlechter Lesbarkeit schnell aufdringlich und deplatziert. Wenn Sie Dokumente per Mail verschicken, sollten Sie davon ausgehen, dass der Empfänger nicht unbedingt ausgefallene Schriftarten auf seinem Rechner hat und das Schreiben in einer anderen Schrift unordentlich wirkt.

Klassische Werbemedien und -maßnahmen

Die Zusammensetzung Ihrer Zielgruppe entscheidet maßgeblich darüber, welche Werbemedien zum Einsatz kommen. Der wichtigste Aspekt ist die Treffergenauigkeit: Je mehr Menschen von denen, die Ihre Werbung wahrnehmen, zu Ihrer Zielgruppe zählen, umso effizienter ist die Maßnahme.

Effizient wäre es beispielsweise, sich als Kunsthandwerker mit einem eigenen Verkaufsstand bei einem lokalen Kunsthandwerkermarkt zu präsentieren, weil die Besucher mit hoher Wahrscheinlichkeit an Ihren Kreationen interessiert sind. Nicht effizient ist es hingegen, als Werbetexter Radiospots zu buchen, weil nur ein winziger Bruchteil der Hörer zu Ihren potenziellen Kunden zählt.

Da die nebenberuflich Selbstständigen in der Regel nur ein kleines Werbebudget aufstellen können, konzentrieren wir uns im Folgenden auf preiswerte Werbeformen. Radio- und Fernsehwerbung und ähnlich teure Aktionen lassen wir hier außen vor.

Anzeigen in Lokalzeitungen und Anzeigenblättern

Wenn Ihre Zielgruppe vorwiegend aus Privatpersonen im Verteilungsgebiet der Zeitung oder des Anzeigenblatts besteht, können Sie auf diese Art und Weise effizient Werbung betreiben. Ein Grafiker kann Ihnen dabei helfen, die Anzeigen professionell und werbewirksam zu gestalten. Die Kosten für die Anzeigenschaltung hängen von der Auflage der Zeitung und von der Größe der Anzeigen ab. Interessant sind auch Anzeigen im Zusammenhang mit Sonderveröffentlichungen wie zum Beispiel „Bauen und Renovieren" oder „Wellness", da die Zielgruppe so präziser angesprochen wird.

Flyer und Broschüren

Auf diesen gedruckten Werbemitteln können Sie Ihre Leistungen und Produkte beschreiben. Die Einsatzgebiete sind flexibel: Flyer und Broschüren können bei befreundeten Unternehmen – zum Beispiel Händlern – zum Mitnehmen ausgelegt oder nach dem ersten Gespräch mit einem Interessenten als Gedankenstütze mitgegeben werden. Dank digitaler Druckverfahren sind die Preise für Druckdienstleistungen auch bei kleinen Auflagen inzwischen für Nebenjobunternehmer erschwinglich.

Präsenz auf Märkten und Messen

Vor allem für Anbieter von Selbstgemachtem oder von Dienstleistungen für Privatpersonen bieten sich lokale Märkte und Messen als Werbeplattform an. Mit etwas Dekorationsgeschick und einfachen Elementen lässt sich ein ansprechender Verkaufs- oder Präsentationsstand herstellen, der trotz bescheidenen Budgets einladend auf die Besucher wirkt. Allerdings zeigt die Erfahrung immer wieder, dass die tatsächlich erzielten Umsätze je nach Markt und Umfeld höchst unterschiedlich ausfallen können. Da hilft nur eins: Testen Sie die infrage kommenden Märkte und vergessen Sie nicht, schon im Vorfeld alle anfallenden Kosten mit den zu erwartenden Umsätzen gegenzurechnen. Hinterher sollten Sie stets eine Erfolgskontrolle durchführen und die Ergebnisse dokumentieren, damit Sie im Lauf der Zeit herausfinden, wo sich die Teilnahme lohnt und wo nicht.

Fahrzeugbeschriftung

Wenn Sie häufig im lokalen Umfeld mit dem Auto unterwegs sind und dort auch Ihre Zielgruppe zu finden ist, dann kann die Fahrzeugbeschriftung ein wirkungsvolles Werbemittel sein, das keine allzu hohen Kosten verursacht.

Werbebriefe

Mit dem Werbebrief können Sie Ihren potenziellen Kunden direkt erreichen, ohne dass Sie den „Umweg" über ein Medium wie eine Zeitung oder Fachzeitschrift machen müssen. Wichtigste Voraussetzung ist der Aufbau einer Adressenliste, was vor allem in der Anfangsphase einigen Zeitaufwand verursacht. Deshalb ist der Einsatz von Werbebriefen immer dann sinnvoll, wenn Ihre Zielgruppe eng eingegrenzt ist und sich die infrage kommenden Unternehmen problemlos über das Internet oder Telefonbuch herausfinden lassen. Werbebriefe an Privatkunden kommen für nebenberuflich Selbstständige dann infrage, wenn die Adressen nicht von sogenannten Adressenhändlern teuer eingekauft werden müssen, sondern direkt vom Kunden oder Interessenten kommen.

[ ] **Tipp: Kunden- und Interessentenadressen sammeln**

Gewöhnen Sie es sich einfach an, Kunden nach ihrer Adresse zu fragen und sich zu erkundigen, ob sie mit der gelegentlichen Zusendung von Hinweisen auf neue Angebote oder Aktionen einverstanden sind. Auf diese Weise können Sie oftmals recht schnell eine umfangreiche Kunden- und Interessentenkartei aufbauen. Lehnt der Kunde Zusendungen ab, sollten Sie nicht weiter nachbohren.

Beim Formulieren des Werbebriefs sollten die deutsche Grammatik und Rechtschreibung für Sie keine „Problemzone" darstellen. Lassen Sie im Zweifelsfall lieber jemanden drüberschauen, der eventuelle Rechtschreibfehler ausmerzen kann. Beim Verfassen des Briefs sollten Sie einige Grundregeln beachten:

- **Personalisieren** Sie den Brief: Wenn Ihr potenzieller Kunde von Ihnen einen Brief bekommt, dann hat er es auch verdient, mit Namen angesprochen zu werden. Vielleicht können Sie ja den Namen im Lauf des Brieftextes nochmals einfließen lassen – das erhöht die Aufmerksamkeit des Lesers. Doch übertreiben Sie bitte nicht, denn das wiederum wirkt penetrant und aufdringlich.

- Finden Sie eine kurze, knackige **Überschrift**, die die Neugierde des Lesers weckt und ihm einen Vorteil in Aussicht stellt.

- Bauen Sie einen **Dialog** mit dem Leser auf: „Sie können mit unserem Produkt ... machen" ist besser als „Mit unserem Produkt kann ... gemacht werden". Zwischendurch können Sie auch ruhig eine rhetorische Frage stellen, die der Leser natürlich in Ihrem Sinne für sich beantworten sollte.

■ Stellen Sie den wichtigsten Nutzen an den Anfang: Wenn Sie den Brief mit Allgemeinplätzen beginnen, laufen Sie Gefahr, dass er nicht zu Ende gelesen wird, sondern sein Dasein vorzeitig im Papierkorb beendet.

■ Sagen Sie dem Leser, was er tun soll: Soll er Sie anrufen, soll er die Faxantwort absenden, soll er gleich bestellen oder ausführliche Informationen anfordern? Wenn ihm das nicht gesagt wird, tut er meistens nichts.

■ Sorgen Sie für gute Lesbarkeit: Endlose Absätze in einer exotischen Schrift ermüden das Auge. Der Brief sollte nur linksbündig und nicht im Blocksatz (also links- und rechtsbündig) gestaltet sein – das macht ihn lebendiger und ansprechender.

■ Fassen Sie sich kurz: Ihr Leser hat es nicht verdient, dass Sie ihm mit endlosen Ausführungen seine Zeit stehlen. Bringen Sie Ihr Thema klar und deutlich auf den Punkt, dann hat Ihr Brief bessere Chancen.

■ Unterschreiben Sie: Wenn die Anzahl der Briefe für eine persönliche Unterschrift zu groß ist, können Sie Ihre Unterschrift einscannen und in den Brief einsetzen.

Nach der Durchführung der Werbebriefaktion empfiehlt es sich, anhand der Reaktionen eine Erfolgskontrolle durchzuführen. So bekommen Sie mit der Zeit ein Gefühl dafür, auf welche Art der Ansprache Ihre Zielgruppe am besten reagiert.

Die professionelle Website

Für Selbstständige und Unternehmer ist die eigene Website mittlerweile ein Muss. Immer mehr Menschen ziehen bei der Suche nach einem passenden Anbieter zuerst einmal die Suchmaschinen im Internet zurate. Sind Sie nicht im weltweiten Datennetz präsent, werden Sie dort auch nicht gefunden und verlieren potenzielle Kunden.

Dabei ist eine eigene Website weder eine komplizierte noch eine allzu teure Angelegenheit. Wenn Sie keine große Werbe- oder Onlineagentur, sondern einen freiberuflichen Webdesigner mit der Gestaltung und Programmierung beauftragen, können Sie schon zu günstigen Preisen einen professionellen Onlineauftritt erhalten. In der Regel benötigt der Dienstleister von Ihnen die inhaltliche Struktur mit den dazugehörigen Texten sowie Ihr Logo und bei Bedarf noch Fotos.

Allerdings sind die Qualitäten und Kompetenzen der einzelnen Dienstleister sehr unterschiedlich – und sie spiegeln sich keinesfalls immer im Preis wider. Unerlässlich ist daher die Angabe von Referenzinternetseiten des Anbieters, bevor Sie sich endgültig entscheiden. Auf diese Weise sehen Sie am besten, mit welchen Stilmitteln der Webdesigner arbeitet und wie er die Vorstellungen seiner Kunden umsetzt. Ideal ist es, wenn der Anbieter bereits Erfahrungen mit Internetseiten aus Ihrer Branche vorweisen kann.

[ ] **Tipp: Selbst informieren**

Schauen Sie sich auch die eigene Seite des Anbieters an. Haben Sie den Eindruck, dass Sie dieselbe Geschmacksrichtung haben?

Sowohl im Konzeptionsgespräch als auch in der Durchführung sollten Sie darauf achten, dass Ihre Internetseite auch

wirklich professionell gestaltet und programmiert wird.
Dies ist ebenfalls keine Frage des Preises: Eine schlecht
umgesetzte Website kann für Gestalter und Programmierer
denselben zeitlichen Aufwand verursachen wie eine gute.

Struktur, Wiedererkennung und Lesbarkeit

Schon von Beginn an sollten Sie eine klare Struktur Ihres
Internetauftritts sicherstellen – und hierbei sind Sie auch
selbst gefordert. Gliedern Sie die Navigationspunkte klar,
etwa in allgemeine Informationen zu Ihrem Unternehmen
oder Ihrer Person und in Details zu den angebotenen
Leistungen.

> **! Wichtig**
>
> Struktur und Navigation müssen so funktionieren, dass der
> Nutzer möglichst direkt und ohne Umwege die gewünschten
> Informationen finden kann. Bei einem für Kleinunternehmen
> nicht untypischen Gesamtumfang von rund zehn Einzelseiten
> sollte jede Unterseite direkt von der Startseite aus über einen
> aussagekräftigen Link erreichbar sein.

Ein guter Webdesigner wird auch darauf achten, dass die
Internetseite einen gestalterischen Bezug zu Ihren bereits
vorhandenen Designelementen hat. Ihr Logo muss auf
jeden Fall in die Website integriert werden und auch die in
Briefbogen oder Praxisschild verwendeten Farben sollten im
Internetauftritt auftauchen. Auf diese Weise lässt sich der
Wiedererkennungseffekt verstärken.

Die leichte Lesbarkeit Ihres Internetauftritts spielt eine nicht
zu unterschätzende Rolle, weil erschöpfte Nutzer nur schwer
zu begeisterten Kunden werden. So sind helle Schriften
auf schwarzem oder dunklem Hintergrund sehr schlecht zu
lesen und ermüden rasch das Auge. Daher sollte diese Kom-

bination nur für kurze Texte oder Überschriften eingesetzt werden. Dunkle Schriften auf hellem Hintergrund sind hingegen angenehm zu lesen.

[ ] Tipp: Die richtige Schrift wählen

Bevorzugen Sie für Onlinetexte schnörkellose Schriften, bei denen die Buchstaben nicht auf „Füßchen" stehen – diese klaren Schrifttypen werden im Fachjargon als „serifenlose Schriften" bezeichnet. Die Lesbarkeit lässt sich dabei nochmals deutlich verbessern, indem der Abstand zwischen den Zeilen etwas vergrößert wird.

Content Management System – Ja oder Nein?

Zum Ziel der eigenen Website führen viele Wege. Die Bandbreite reicht dabei von der klassischen Programmierung im Textcode über die Erstellung mit Maus und Grafikunterstützung in sogenannten Webeditoren bis hin zu Content Management Systemen (CMS), bei denen die Inhalte der Seite in einem eigenen Redaktionssystem geändert werden können. Der Aufbau solcher Systeme ähnelt häufig Textverarbeitungsprogrammen und der Umgang mit ihnen lässt sich schnell erlernen.

Für Sie stellt sich dabei die grundlegende Frage, ob ein solches CMS zum Einsatz kommen soll. Dafür spricht, dass Sie die Inhalte der Website verändern können, ohne den eigentlichen Programmcode kennen zu müssen. Durch die Anmeldung als Administrator gelangen Sie bei einem CMS in den sogenannten redaktionellen Bereich, wo Sie auf recht einfache Weise bestehende Seiten ändern oder neue Unterseiten anlegen können.

Gängige CMS-Plattformen für große Internetauftritte sind
TYPO3 oder Joomla. Für kleinere Umfänge sind WordPress
oder CMSimple gut geeignet. Alle genannten CMS-Plattformen sind kostenlos verfügbar, weil es sich um sogenannte Open-Source-Systeme handelt, die von einer Gemein-
schaft von Freiwilligen entwickelt und gepflegt werden.

Allerdings setzt ein CMS voraus, dass Ihr Hostingunter-
nehmen – das ist der Anbieter, bei dem Sie Ihre Website
verwalten – das Einrichten einer Datenbank ermöglicht. Das
ist nur in den etwas teureren Tarifen möglich. In den kosten-
günstigen Basistarifen können Sie hingegen bereits eine
Website veröffentlichen, die einfach im klassischen HTML
programmiert ist.

[ ]   Tipp: Wann ein CMS sinnvoll ist

Ein CMS ist für einen professionellen Internetauftritt nicht
notwendig, hilft Ihnen jedoch bei der einfachen Pflege Ihrer
Website. Den Einsatz sollten Sie dann in Betracht ziehen, wenn
Sie die Inhalte Ihrer Website häufig ändern möchten und über
gute allgemeine PC-Kenntnisse verfügen.

Wie viel ein Internetauftritt kosten darf

Wie teuer ist ein Internetauftritt? Diese Frage lässt sich
ebenso wenig pauschal beantworten wie die Frage, wie
teuer ein Auto ist – da gibt es den Miniflitzer für weniger
als 10.000 Euro und die Luxuskarosse, die das Zehnfache
kostet. Allerdings lässt sich für nebenberuflich Selbstständige die Dimension schon deutlich eingrenzen, denn eine
Luxuswebsite für mehrere Tausend Euro brauchen Sie mit
Sicherheit nicht.

Die Kosten für den Internetauftritt lassen sich in zwei Kate-
gorien aufteilen:

- die **einmaligen Kosten** für die Programmierung und Einrichtung der Website und
- die **laufenden Kosten** für die Bereitstellung im Internet, das sogenannte Hosting.

Einen professionell gestalteten und sauber programmierten Internetauftritt bekommen Sie häufig für weniger als 500 Euro, wenn es sich um eine sehr einfach strukturierte Seite mit weniger als zehn Unterseiten handelt. Damit haben Sie zumindest einmal einen Grundstein gelegt und sind im weltweiten Datennetz auffindbar. Für den Beginn ist das meist ausreichend. Ob es sinnvoll ist, später nochmals Geld zu investieren und die Website aufzupeppen, hängt davon ab, wie viel zusätzlichen Umsatz und Gewinn Sie daraus erwarten. Teurer wird es, wenn gleich ein Onlineshopsystem mit eingebaut werden soll. Hier empfiehlt es sich fürs Erste, ein bereits bestehendes Standardshopsystem mit dem Einbau Ihres Logos und Ihren Unternehmensfarben anzupassen – das ist mit wesentlich geringerem Aufwand möglich als die Neuprogrammierung von individuellen Funktionen.

Bei den Hostingkosten kommt es darauf an, ob Sie für ein CMS oder einen Onlineshop eine Datenbank benötigen oder auch mit einer reinen HTML-Website ohne Datenbank auskommen. Wenn Sie keine Datenbank benötigen, sollte Ihr Hostingdienstleister deutlich weniger als 5 Euro pro Monat verlangen, mit Datenbank weniger als 10 Euro.

In diesem Zusammenhang sollten Sie vorsichtig sein, wenn es um scheinbar „kostenlose" Websitegestaltung geht. Manche Unternehmen gehen gezielt auf Kundenfang, indem sie die Gestaltung zum Nulltarif anbieten und den Kunden dafür über Jahre hinweg in einem teuren Hostingvertrag binden. Wenn Sie monatlich 30 Euro fürs Hosting bezahlen, summiert sich das im Lauf von fünf Jahren auf 1.800 Euro – für dieses Geld könnten Sie sich gleich mehrere Internetauftritte leisten.

So werden Sie gefunden

Ihre Website soll nicht nur von Eingeweihten gefunden werden, die Ihre Internetadresse bereits kennen, sondern auch
von denen, die im Internet anhand einschlägiger Begriffe
nach bestimmten Dienstleistungen oder Produkten suchen.
Nun gibt es natürlich kein Patentrezept, wie Sie bei den
Suchmaschinen stets den ersten Platz in den relevanten
Ergebnislisten belegen können. Doch wenn Ihr Webdesigner
einige Grundregeln beherzigt, haben Sie zumindest eine
reelle Chance auf einen guten Listenplatz.

- **Stichwörter festlegen:** Legen Sie die drei bis fünf wichtigsten Stichwörter fest, die Ihre potenziellen Kunden
  häufig verwenden. Das ist beispielsweise die Stadt in
  Kombination mit Ihrem Beruf oder Ihrer Branche. Dazu
  können noch Stichwörter zu besonderen Leistungen
  kommen, die Sie in Ihrem Angebot führen. Eins der Stichwörter sollte aber auf jeden Fall Ihr Firmenname sein.

- **Stichwörter verteilen:** Diese Begriffe sollten in Ihrer Website immer mal wieder auftauchen, und zwar an verschiedenen Stellen. Es geht dabei nicht nur darum, die Attrak-
  tivität Ihrer Seite für den Besucher zu steigern, sondern
  besonders auch für die Suchmaschine („Suchmaschinen-
  optimierung"!). Wichtige Stichwortpositionen sind der
  Seitentitel im oberen Balken des Browserfensters, die für
  Betrachter nicht sichtbaren HTML-Schlüsselbegriffe, die
  Überschriften sowie die Inhalte der einzelnen Unterseiten.

- **Internetseite anmelden:** Lassen Sie Ihre Website in kostenlosen Verzeichnissen wie zum Beispiel dem Gewerbe-
  verzeichnis Ihrer Gemeinde verlinken. Wichtig ist auch ein
  Eintrag in das weltweite Webverzeichnis DMOZ, das Sie
  unter www.dmoz.org/World/Deutsch/ finden.

Werbung in sozialen Netzwerken

„Social Marketing" und „Web 2.0" zählen seit einiger Zeit
zu den Lieblingsbegriffen der Marketinggurus und derer,
die sich für solche halten. Dahinter verbirgt sich die Überlegung, dort Werbung zu betreiben, wo sich immer mehr
Menschen treffen: nämlich in sozialen Online-Netzwerken
wie Facebook, Xing & Co.

Auf diesen Plattformen pflegen Menschen Kontakte, suchen
neue Freunde, diskutieren über private oder geschäftliche
Themen und hängen ihre Angebote und Gesuche ans virtu-
elle „Schwarze Brett". Wenn Sie dort Ihre Zielgruppe etwa in
regionalen oder fachbezogenen Gruppen finden, können Sie
sich durch aktive Mitarbeit bekannt machen und vielleicht
sogar den einen oder anderen Kunden gewinnen.

[ ] Tipp: Das richtige Maß an Zurückhaltung

In den meisten sozialen Netzwerken wird es nicht gern ge-
sehen, wenn Neulinge gleich mit der Tür ins Haus fallen und
ihre Werbung verbreiten. Daher sollten Sie Hinweise auf Ihre
Leistungen oder Produkte eher zurückhaltend anbringen und
Ihr Hauptaugenmerk darauf richten, sich durch kooperative
Mitarbeit in der Gruppe einen guten Ruf aufzubauen.

Der Umgang mit Kunden und Interessenten

Ein nicht zu unterschätzender Werbefaktor ist der Eindruck,
den Sie bei Ihren Geschäftspartnern hinterlassen – das gilt
gerade auch bei Ein-Mann- oder Ein-Frau-Unternehmen, bei
denen die Inhaber allein das Unternehmen repräsentieren.
Dabei geht es nicht um trickreiche Manipulationsstrategien,
sondern um die Frage: Wie gelingt es, dem Kunden authen-
tisch und glaubwürdig Wertschätzung zu zeigen?

Der persönliche Umgang mit Ihren Kunden ist letztlich entscheidend dafür, ob sie zu Ihnen Vertrauen haben oder nicht. Mehr noch als die Qualität und der Preis Ihrer Produkte kann die Art, in der Sie mit den Kunden umgehen, über den langfristigen Erfolg Ihres Unternehmens entscheiden. Deshalb nochmals: Zeigen Sie Ihren Kunden ehrlich und wahrnehmbar, wie viel sie Ihnen wert sind. Hier ein paar Regeln, mit denen Sie das Vertrauen Ihrer Kunden gewinnen und erhalten:

- **Seien Sie ein guter Zuhörer:** Versuchen Sie, durch Fragen und gezieltes Zuhören herauszufinden, was Ihr Kunde von Ihnen erwartet, und setzen Sie dann alles daran, diese Erwartungen auch zu erfüllen.

- **Seien Sie höflich:** Sie brauchen ja kein Benimmbuch auswendig zu lernen, doch man empfindet es als sehr angenehm, wenn einem der Vortritt gelassen wird oder wenn man bei der Begrüßung und beim Abschied beim Namen genannt wird. Auch ein „Danke" zu viel ist besser als ein „Danke" zu wenig.

- **Seien Sie ehrlich:** Klären Sie Ihren Kunden über Nebenkosten oder Risiken auf, auch auf die Gefahr hin, dass er Ihnen einen Auftrag nicht erteilt. Dies ist allemal besser als der große Ärger nach der dicken Rechnung und das Image des windigen Schlaumeiers, dem man nicht über den Weg trauen kann.

- **Seien Sie verlässlich:** Einen guten Unternehmer zeichnet aus, dass man sich auf sein Wort verlassen kann. Die Einhaltung von gegebenen Zusagen, die Pünktlichkeit bei Lieferterminen – das alles ist Kapital, das auch einmal einen Mehrpreis ausgleichen kann.

- **Bieten Sie Service:** Produkte und Leistungen werden einander immer ähnlicher und damit austauschbar. Wer es da nicht schafft, sich mit einem persönlichen Service zu profilieren, ist eben nur ein Anbieter unter vielen. Mit Ihrer besonderen Serviceidee können Sie Ihrem Unternehmen die persönliche Note verleihen, durch die Sie Ihren Kunden angenehm in Erinnerung bleiben – und solch ein positiver Faktor hat eine nicht zu unterschätzende Werbewirkung.

Sozialversicherung und Altersvorsorge

Wenn Sie ein Miniunternehmen im Nebenjob führen, sind Sie in aller Regel bereits sozialversichert – entweder als Arbeitnehmer im Hauptberuf, als Student bei den Eltern oder als ansonsten nicht berufstätiger Ehepartner beim Ehemann oder bei der Ehefrau. Dabei stellt sich jedoch die Frage, ob Sie zusätzliche Sozialabgaben entrichten müssen, wenn Sie nebenbei noch Gewinne aus Ihrer selbstständigen Tätigkeit erzielen.

Gesetzliche Renten- und Krankenversicherung

Eine mögliche Beitragspflicht in der gesetzlichen Rentenversicherung hängt von zwei Faktoren ab: Ihrem aus der nebenberuflichen Selbstständigkeit erzielten Einkommen und der ausgeübten Tätigkeit.

Wenn Sie pro Monat weniger als 450 Euro Gewinn verbuchen – das entspricht einem Jahresgewinn von 5.400 Euro –, können Sie davon ausgehen, dass Ihre Nebentätigkeit zu keiner Pflichtmitgliedschaft in der gesetzlichen Rentenversicherung führt.

Liegt Ihr Gewinn über dieser Grenze, macht der Gesetzgeber Ihre Rentenversicherungspflicht von Ihrer ausgeübten Tätigkeit abhängig. Dabei gilt, dass Sie dann Beiträge in die Rentenkasse einzahlen müssen, wenn Ihre nebenberufliche Selbstständigkeit einem der im Sozialgesetzbuch (SGB) IV, § 2 genannten Profile entspricht:

- Lehrer und Erzieher,
- Pflegepersonen, die in der Kranken-, Wochen-, Säuglings- oder Kinderpflege tätig sind,
- Hebammen und Entbindungspfleger,
- Seelotsen der Reviere im Sinne des Gesetzes über das Seelotswesen sowie Küstenschiffer und Küstenfischer,
- Künstler und Publizisten nach näherer Bestimmung des Künstlersozialversicherungsgesetzes,
- Hausgewerbetreibende (dies entspricht grob gesagt selbsständigen Heimarbeiterinnen und Heimarbeitern),
- Handwerker, die in die Handwerksrolle eingetragen sind und in ihrer Person die für die Eintragung in die Handwerksrolle erforderlichen Voraussetzungen erfüllen, wobei Handwerksbetriebe im Sinne der §§ 2 und 3 der Handwerksordnung (handwerkliche Nebenbetriebe) sowie Betriebsfortführungen auf Grund von § 4 der Handwerksordnung außer Betracht bleiben.

Ausschlaggebend ist dabei nicht Ihre Ausbildung, sondern die Art Ihrer Tätigkeit. Arbeiten Sie beispielsweise auf selbstständiger Basis als nebenberuflicher Tennislehrer und überschreiten die Einkommensgrenze, werden Sie auch ohne Fachhochschuldiplom als Lehrer versicherungspflichtig. Die Höhe Ihrer Beiträge richtet sich in der Regel nach der Höhe des durchschnittlichen Monatsgewinns.

Weitere Sonderregelungen gelten, wenn Sie in einem künstlerischen Beruf selbstständig und damit Pflichtmitglied in der Künstlersozialkasse sind (⤑ mehr Infos dazu unter www.kuenstlersozialkasse.de). Wenn Sie zusätzlich zur künstlerischen Selbstständigkeit in Teilzeit angestellt sind und Ihre Einkünfte aus selbstständiger Tätigkeit höher sind als Ihr Angestelltengehalt, dann werden Sie dort kranken- und rentenversicherungspflichtig.

Bei der gesetzlichen Krankenversicherung gilt: Wer seinen Hauptberuf als Arbeitnehmer ausübt, über seinen Arbeitgeber sozialversichert ist und sich nebenher als Selbstständiger noch etwas hinzuverdient, muss als Solounternehmer in der Regel keine zusätzlichen Beiträge für die Krankenkasse zahlen. Eine Beitragspflicht bei der Krankenkasse kann hingegen entstehen, wenn eine zusätzliche Arbeitskraft mit mehr als 400 Euro Monatslohn eingestellt wird.

> **! Wichtig**
>
> Wer sich nicht anderweitig krankenversichert, muss sämtliche Arzt-, Krankenhaus- und Medikamentenrechnungen selbst bezahlen. Daher ist beim Ausschluss aus der kostenlosen Mitversicherung schnelles Handeln angesagt. Zur Wahl stehen dabei die freiwillige Mitgliedschaft in der gesetzlichen Krankenversicherung oder der Abschluss einer Privatversicherung. Die gleichen Regeln gelten für Studenten, die in der Krankenkasse ihrer Eltern kostenlos mitversichert sind.

Für diejenigen, die eine Miniselbstständigkeit starten und als nicht berufstätige Ehepartner über den Ehemann oder die Ehefrau beitragsfrei krankenversichert sind, gilt die 395-Euro-Freigrenze: Wenn das monatliche Einkommen diesen Betrag nicht übersteigt, bleibt die beitragsfreie Mitversicherung bestehen. Als monatliches Einkommen ist dabei der durch 12 geteilte Jahresgewinn definiert. Liegt der Gewinn über dieser Grenze, dann endet die kostenlose Mitversicherung in der Krankenkasse des Ehepartners.

Dabei stellt sich die Frage: Wie teuer wird das Ganze? Studenten sind im Vorteil, denn für diese kommt die Krankenversicherung der Studenten (KVdS) in Betracht. Unter der Voraussetzung, dass das Studium den größten Teil der Zeit beansprucht und die nebenberufliche selbstständige Tätigkeit weniger als 18 Stunden pro Woche ausmacht, gibt es für Studenten mit nebenberuflicher Selbstständigkeit einen günstigen Pauschaltarif, der bei allen Krankenkassen monatlich 64,77 Euro plus Pflegeversicherung beträgt.

[ ] **Tipp: Nebenberufliche Selbstständigkeit ist günstiger als hauptberufliche**

Für die Verwendung dieser allgemeinen Mindestbemessungsgrenze ist es wichtig, dass Ihre Selbstständigkeit von der Krankenkasse als „nebenberuflich" anerkannt ist. Dies wird üblicherweise durch die folgenden Kriterien gekennzeichnet:

- Die nebenberufliche Selbstständigkeit umfasst weniger als 18 Stunden pro Woche.
- Die Einnahmen dienen nicht zur hauptsächlichen Sicherstellung des Lebensunterhalts.
- Sie beschäftigen keinen Angestellten mit einem Brutto-verdienst von mehr als 400 Euro pro Monat.
- Es wird kein Gründungszuschuss durch die Agentur für Arbeit gewährt, denn diesen gibt es nur für hauptberufliche Gründer.

In dem Moment, in dem die Selbstständigkeit als hauptberuflich eingestuft wird, gilt – auch bei geringerem tatsächlichem Einkommen – eine Mindestbemessungsgrenze von 2.073,75 Euro, die sich unter bestimmten Voraussetzungen für Existenzgründer auf 1.382,50 Euro reduziert.

Teurer wird es für diejenigen, die aus der kostenlosen Mitversicherung herausfallen und keine Studenten sind. Generell gilt für nebenberuflich Selbstständige, die als freiwilliges Mitglied bei der gesetzlichen Krankenkasse bleiben, eine allgemeine Mindestbemessungsgrenze von 921,67 Euro pro Monat. Dies wird – auch wenn das tatsächliche Einkommen niedriger ist – als Grundlage für die Berechnung des Beitrags angewendet. Daraus errechnet sich beispielsweise bei einem Beitragssatz von 14,9 Prozent ein monatlicher Krankenkassenbeitrag von 137,33 Euro.

Berufsgenossenschaft

Die gesetzliche Unfallversicherung ist ein Bestandteil der Sozialversicherung, dessen Beiträge jedoch im Gegensatz zu den anderen Sparten der Sozialversicherung ausschließlich vom Arbeitgeber übernommen werden. Abgesichert sind Unfälle, die sich entweder im Betrieb, bei betrieblich bedingten Reisen oder auf dem Weg von bzw. zu der Arbeit ereignen. Auch Berufskrankheiten, die nachweislich auf gesundheitliche Schädigungen am Arbeitsplatz zurückzuführen sind, werden von der gesetzlichen Unfallversicherung abgedeckt.

Träger der gesetzlichen Unfallversicherung ist die Berufsgenossenschaft. Zunächst einmal ist die Einrichtung dafür zuständig, bei einem betrieblichen Unfall oder einer berufsbedingten Krankheit die Behandlungskosten zu übernehmen. Wenn nach Ablauf von 26 Wochen die Arbeitsleistung immer noch deutlich gemindert ist, können Versicherte mit der Zahlung einer Verletztenrente rechnen. Voraussetzung ist, dass die Erwerbsfähigkeit um mindestens 20 Prozent eingeschränkt ist. Ob dies der Fall ist, wird vom Versicherungsträger selbst geprüft, der bei seiner Einschätzung auf branchenübliche Erfahrungswerte zurückgreift.

Die Höhe der Verletztenrente bemisst sich nach dem Grad der dauerhaften gesundheitlichen Beeinträchtigung sowie nach dem Bruttoarbeitseinkommen der letzten zwölf Monate vor Eintreten des Versicherungsfalls. Diesen Betrag bezeichnen die Versicherungsträger als „Jahresarbeitsverdienst". Bei einem vollständigen Verlust der Erwerbsfähigkeit zahlt die Unfallversicherung zwei Drittel des Jahresarbeitsverdiensts als Rente – das ist die sogenannte Vollrente. Ansonsten wird eine Teilrente gezahlt, deren Höhe der Vollrente multipliziert mit dem Grad der Minderung der Erwerbsfähigkeit entspricht.

Die Unfallversicherungsträger zahlen diese Rente unabhängig von der Berufstätigkeit und vom Alter des Versicherten, solange die Voraussetzungen unverändert fortbestehen. Dies kann dazu führen, dass die Rente lebenslang und später auch zusätzlich zur gesetzlichen Altersrente gezahlt wird. Umgekehrt kann die Verletztenrente gekürzt oder sogar ganz gestrichen werden, wenn sich der Gesundheitszustand und damit die Erwerbsfähigkeit des Betroffenen wieder verbessert.

Die Berufsgenossenschaft ist in erster Linie für die Absicherung von Arbeitnehmern gedacht, sodass ein Betrieb immer dann zum Pflichtmitglied wird, wenn Arbeitnehmer beschäftigt werden. In manchen Branchen sind auch Einzelunternehmer ohne Angestellte versicherungs- und beitragspflichtig – allerdings nur dann, wenn sie hauptberuflich selbstständig sind.

Nebenberuflich Selbstständige haben die Möglichkeit, sich auf freiwilliger Basis über die Berufsgenossenschaft gegen Unfälle im Rahmen der betrieblichen Tätigkeit abzusichern. Die Höhe der Beiträge richtet sich nach der Gefahrenklasse.

Altersvorsorge

In der Zeit der aktiven Berufsausübung sollte die finanzielle Vorsorge fürs Rentenalter nicht zu kurz kommen – sei es in Form der gesetzlichen Rentenversicherung, mit staatlich geförderten Vorsorgemodellen wie Riester- und Rürup-Rente oder dem privaten Aufbau von Vermögen.

Wenn die nebenberufliche Selbstständigkeit für Sie nicht nur ein kurzfristiges Erwerbsmodell ist, sollten Sie auch über den Vorsorgeaspekt nachdenken. So führt etwa die dauerhafte Verknüpfung von Teilzeitjob und nebenberuflicher Selbstständigkeit dazu, dass nur für den Einkommensanteil aus dem Anstellungsverhältnis Beiträge in die gesetzliche Rentenversicherung eingezahlt werden. Entsprechende Abschläge müssen dann beim Eintritt ins Rentenalter einkalkuliert werden.

Grundsätzlich für die Altersvorsorge geeignet sind die folgenden Wege, die auch nach Belieben kombiniert werden können:

- betriebliche Altersvorsorge,
- Riester-Rente,
- Rürup-Rente,
- gesetzliche Rentenversicherung,
- privater Vermögensaufbau.

Betriebliche Altersvorsorge und Riester-Rente

Die betriebliche Altersvorsorge fällt von vornherein weg, da sie ausschließlich für Arbeitnehmer und nicht für Selbstständige gedacht ist. Auch die Riester-Rente ist für Selbstständige nur bei bestimmten Konstellationen zugänglich – nämlich dann, wenn sie als Handwerker, Landwirt oder Mitglied der Künstlersozialkasse in der gesetzlichen Rentenversicherung pflichtversichert sind.

Beide Vorsorgeformen kommen in erster Linie dann in Betracht, wenn Sie neben Ihrer Selbstständigkeit noch in Voll- oder Teilzeit angestellt sind. In diesem Fall können Sie über Ihren Arbeitgeber oder auf Basis Ihres Gehalts aus dem Anstellungsverhältnis diese beiden Vorsorgewege nutzen. Sind Sie selbstständig und ist Ihr Ehepartner angestellt, können Sie bei gemeinsamer steuerlicher Veranlagung einen eigenen Riester-Vertrag abschließen und sich damit die Grundzulage in Höhe von 154 Euro pro Jahr sichern.

Rürup-Rente

Die Rürup-Rente wurde in erster Linie zur Absicherung von Freiberuflern und Selbstständigen konzipiert, ist jedoch nicht ganz frei von Tücken. Bevor Sie einen Rürup-Rentensparplan abschließen, sollten Sie sich darüber im Klaren sein: Sie binden sich an ein Finanzprodukt, das Ihnen im Vergleich zur staatlichen Rentenversicherung kaum mehr finanziellen Spielraum zugesteht. Bei der Kapitalanlage entspricht die Rürup-Rente der privaten Rentenversicherung. Es gibt zwei Produktvarianten:

- **Klassische Rentenversicherung:** Während der Ansparphase wird das Kapital nach Abzug der Verwaltungskosten von der Versicherungsgesellschaft vorrangig in sichere Anlagen wie Anleihen und Immobilien investiert, ein kleiner Teil kann auch in Aktien und Fonds fließen. Der Anleger erhält einen jährlichen Garantiezins.

- **Fondsgebundene Sparpläne:** Hier gibt es keinen Garantiezins. Je nach Anbieter gibt es Fondspolicen entweder mit der Zusicherung des Kapitalerhalts oder als reine Fondsanlage, bei der die Anleger das volle Kapitalmarktrisiko tragen.

Am Ende der Ansparphase kann jedoch das Rürup-Guthaben nicht wie bei einer herkömmlichen Privatrentenversicherung auf einen Schlag oder auch nur teilweise ausgezahlt werden. Die Auszahlung ist nur in Form einer lebenslangen Leibrente möglich, mit dem Tod des Versicherten ist das gesamte eingezahlte Guthaben verloren. Gegen Aufpreis ist die Absicherung von Hinterbliebenen durch die Weiterzahlung der Rente – meist zu 60 Prozent – nach dem Tod des Versicherten an den Ehepartner möglich.

Ziemlich kompliziert sind die steuerlichen Regelungen zur Rürup-Rente. In der Ansparphase gelten die gleichen Steuerregeln wie bei den Beiträgen zur gesetzlichen Rentenversicherung. Zunächst einmal steht Ledigen ein Höchstbetrag für die Altersvorsorge von 20.000 Euro pro Jahr zur Verfügung, bei Verheirateten sind es 40.000 Euro. Bis zu dieser Obergrenze können Sie nach dem Alterseinkünftegesetz Einzahlungen in Versorgungswerke, gesetzliche Rentenversicherung und Rürup-Sparpläne von der Steuer absetzen – allerdings nur zu einem bestimmten Prozentbetrag. Dieser liegt für das Jahr 2014 bei 78 Prozent. Das heißt konkret: Sie können als Verheirateter Einzahlungen bis zu 40.000 Euro zu 78 Prozent geltend machen, die tatsächliche Grenze liegt somit in diesem Jahr bei 31.200 Euro. Der Prozentsatz wird jedes Jahr um 2 Prozentpunkte erhöht, sodass erst ab dem Jahr 2025 die Beiträge in voller Höhe abgesetzt werden können.

Die Auszahlungen im Rentenalter werden genauso behandelt wie die Altersrente aus der gesetzlichen Rentenversicherung. Je nachdem in welchem Jahr Sie in den beruflichen Ruhestand treten und die Auszahlungen beginnen lassen, müssen Sie für den Rest Ihres Lebens einen bestimmten Prozentsatz der Renteneinkünfte versteuern. Bei Renteneintritt im Jahr 2020 liegt der Satz bei 80 Prozent, und die Neurentner ab dem Jahr 2040 müssen ihre Rente in voller Höhe versteuern.

[ ] **Tipp: Wie Sie den richtigen Anbieter auswählen**

Gehen Sie bei der Auswahl des Anbieters sorgfältig vor, denn Sie binden sich langfristig an einen Finanzdienstleister. Teure oder renditeschwache Rürup-Rentensparpläne können daher im Lauf der Zeit viel Geld kosten. Achten Sie auf die folgenden Kriterien:

- Gebühren: Außer den vom Anbieter ausgewiesenen Gebühren sind auch die internen Nebenkosten wichtig. Wie sich diese auswirken, sehen Sie am besten bei einem Vergleich der garantierten Rentenzahlung. Voraussetzung ist, dass allen Angeboten dieselbe Sparrate und Spardauer zugrunde liegen.
- Flexible Einzahlungen: Weil Ihr Einkommen jedes Jahr unterschiedlich ausfällt, sollten Sie Anbieter bevorzugen, die Ihnen bei der Höhe der einzelnen Beiträge möglichst viel Freiraum bieten.
- Anbieterwechsel: Achten Sie auf die Gebühren für die Übertragung des Guthabens zu einem anderen Anbieter, falls längerfristig Ihre Renditeerwartungen enttäuscht werden. Eine Alternative kann in diesem Fall auch die Beitragsfreistellung sein, dann ruht der Vertrag bis zum Rentenbeginn.
- Extras: Der Vertrag sollte außer der garantierten Weiterzahlung der Rente an hinterbliebene Ehepartner möglichst wenig Sonderleistungen enthalten. Die Absicherung der Familie während der aktiven Berufszeit sollte lieber mit einer Berufsunfähigkeits- und Risikolebensversicherung erfolgen.

Freiwillige Zahlungen in die gesetzliche Rentenversicherung

Unter bestimmten Voraussetzungen kann es lohnenswert sein, auf freiwilliger Basis Beiträge in die gesetzliche Rentenversicherung einzuzahlen. Dies kann beispielsweise für diejenigen sinnvoll sein, die noch keine fünf Jahre Beiträge in die gesetzliche Rentenversicherung eingezahlt haben – denn ein Anspruch auf spätere Altersrente entsteht erst, wenn mindestens fünf Jahre lang eine Mitgliedschaft bestanden hat.

Die Rentenleistungen sehen nach der Darstellung der Deutschen Rentenversicherung wie folgt aus: Wer für das ganze Jahr den derzeitigen Mindestbeitrag von 85,05 Euro monatlich entrichtet, erhöht seinen monatlichen Rentenanspruch um knapp 4,50 Euro.

Große Sprünge lassen sich damit nicht machen, zumal es bei der freiwilligen Versicherung keine Aufteilung der Beiträge zwischen Arbeitnehmer und Arbeitgeber gibt. Doch um die Mindestbeitragszeit zu erfüllen, kann zumindest eine befristete Weiterzahlung sinnvoll sein. Die Beiträge müssen Sie nicht monatlich entrichten: Nachzahlungen für das jeweilige Kalenderjahr sind bis zum 31. März des Folgejahrs möglich.

Privater Vermögensaufbau

Wie Sie die Erträge aus Ihrer nebenberuflichen Selbstständigkeit verwenden, hängt sicherlich von den persönlichen Umständen ab: Für Studenten wird das Teilzeitunternehmertum in erster Linie zur Finanzierung des Studiums beitragen, andere mögen das Geld wiederum nutzen, um sich einmal etwas Besonderes wie eine lang ersehnte Fernreise zu gönnen.

Durchaus sinnvoll ist es hingegen, einen Teil des Gewinns längerfristig auf die Seite zu legen, um Kapital für die Altersvorsorge zu bilden. Mit welchen Anlageprodukten dies geschehen soll, entscheidet in erster Linie Ihre persönliche Risikobereitschaft:

- **Aktienfonds:** Sie sind mit hohen Schwankungsrisiken verbunden und sollten stets auf Sicht von mindestens zehn Jahren erworben werden – auf diese Weise können Sie das Auf und Ab der Börsen besser aussitzen.

- **Mischfonds:** Sie weisen mittlere Wertschwankungen auf, da sie auf einen Mix aus Aktien und schwankungsarmen Anleihen setzen.

- **Zinsanlagen:** Sie gelten als sichere Anlageformen mit bescheidenen Renditen. Zu dieser Anlageklasse gehören beispielsweise Sparpläne, Festgelder und Sparbriefe bei Banken sowie Pfandbriefe und Bundeswertpapiere.

[ ] Tipp: Anlageprodukte mit flexiblen Einzahlungsmöglichkeiten

Weil die Einnahmen aus der Selbstständigkeit meist großen Schwankungen unterworfen sind, sollten Sie Anlageprodukte mit flexiblen Einzahlungsmöglichkeiten bevorzugen. Versicherungssparpläne sind hingegen meist starre Konstrukte und damit wenig geeignet. Hüten sollten Sie sich vor den oft hoch riskanten Produkten des „grauen Kapitalmarkts" wie Beteiligungsmodellen – oft auch als „geschlossene Fonds" bezeichnet – sowie nicht börsennotierten Unternehmensanleihen und Genussscheinen.

Steuern

Es machen Schreckensgeschichten die Runde, denen zufolge ein unbedarfter eBay-Händler an den Gewerbesteuerforderungen des Finanzamts zugrunde ging oder ein Existenzgründer die Umsatzsteuerzahlungen nicht aufbringen konnte.

Egal ob es um Umsatz-, Einkommen- oder Gewerbesteuer geht: Berücksichtigen Sie in Ihren Kalkulationen und Planungen von vornherein die voraussichtlichen Steuerzahlungen und bilden Sie entsprechende Rücklagen.

Umsatzsteuer

Gleich vorweg eine Begriffsbestimmung: Heißt die korrekte
Bezeichnung „Mehrwertsteuer" oder „Umsatzsteuer"? Das
fragt sich so mancher beim Schreiben der ersten Rechnung.
Beide Begriffe bedeuten im Grunde ein und dasselbe, wobei in den Gesetzestexten regelmäßig die „Umsatzsteuer"
genannt wird. Daher wird auch in diesem Buch durchgängig
die Bezeichnung „Umsatzsteuer" verwendet. Das Finanzamt
ist indes tolerant: Wenn Sie in einer Rechnung „MwSt." ausweisen, wird Ihnen daraus kein Strick gedreht.

Die Begriffe „Brutto" und „Netto" sind Ihnen sicherlich in
diesem Zusammenhang geläufig. Sie kaufen beispielsweise beim Computerhändler einen PC, der „brutto" 399 Euro
kostet. Das heißt, der Händler muss einen Teil des Verkaufs-
preises als Umsatzsteuer an Vater Staat abführen. Der
reguläre Umsatzsteuersatz beträgt derzeit 19 Prozent,
sodass sich in diesem Beispiel der Verkaufspreis aus
335,29 Euro „netto" plus 63,71 Euro Umsatzsteuer zusammensetzt. Einige Produkte und Leistungen unterliegen dem
ermäßigten Steuersatz von 7 Prozent (siehe Seite 121ff.),
andere sind von der Umsatzsteuer ganz befreit (siehe
Seite 120f.).

Das Umsatzsteuersystem

Zu zahlen ist die Umsatzsteuer an das Finanzamt stets von
dem, der die Rechnung stellt und den Verkaufsumsatz kassiert. Sprich: Der Händler packt zwar die Steuer in den End-
verkaufspreis, den der private Verbraucher zahlt, hinein. Der
Steuerschuldner gegenüber dem Finanzamt ist aber nicht
der Privatkunde, sondern der Händler.

Nun will der Staat vermeiden, dass das Ausmaß der finanziellen Belastung durch die Umsatzsteuer davon beeinflusst

wird, über wie viele Zwischenhändler ein Produkt geht, bis es den Endverbraucher erreicht. Ansonsten würden beim Direktverkauf eines selbst hergestellten Produkts ja nur einmal 19 Prozent Umsatzsteuer berechnet, während beim Vertrieb über Groß- und Einzelhändler drei- oder viermal die Steuer fällig werden würde.

Damit dies nicht passiert, gilt ein eisernes Grundprinzip: Derjenige, der beim Verkauf seiner Waren oder Dienstleistungen Umsatzsteuer berechnet, muss alle Umsatzsteuerbeträge, die er selbst beim Einkauf zahlt, davon wieder abziehen.

Beispiel

Der oben angeführte Computerhändler kauft bei seinem Großhändler den Computer für 200 Euro plus Umsatzsteuer – also 238 Euro brutto – ein. Die gezahlte Umsatzsteuer von 38 Euro darf er von der beim Verkauf fälligen Umsatzsteuer von 63,71 Euro abziehen und muss nur 25,71 Euro an den Staat abführen. Damit wird nur die tatsächlich erzielte Wertschöpfung, nämlich der Nettoverkaufspreis von 335,29 Euro minus dem Nettoeinkaufspreis von 200 Euro, besteuert.

Den Abzug der selbst gezahlten Umsatzsteuer von der Steuerschuld nennt man „Vorsteuerabzug". Diese Vorgehensweise stellt sicher, dass jeder umsatzsteuerpflichtige Betrieb nur die Umsatzsteuer für seine eigene Wertschöpfung entrichten muss. Das Prinzip des Vorsteuerabzugs gilt in Deutschland übrigens erst seit dem Jahr 1968, bis dahin wurde auf allen Produktions- und Handelsebenen die volle Umsatzsteuer kassiert. Allerdings betrug der Umsatzsteuersatz damals nicht 19 Prozent, sondern nur 4 Prozent.

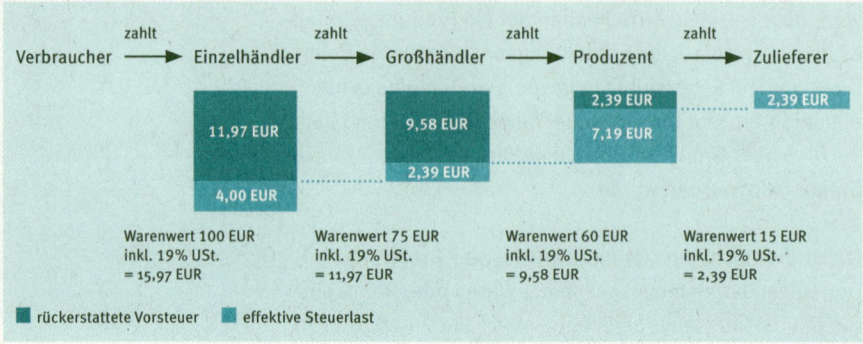

Von der Umsatzsteuer befreite Leistungen

Keine Regel ohne Ausnahmen: Nicht alle Umsätze unterliegen der Umsatzsteuer. Laut Paragraf 4 des Umsatzsteuergesetzes sind einige Leistungen von der Besteuerung ausge-
nommen. Dazu zählen insbesondere:

- Umsätze aus bestimmten sozialen und medizinischen
  Leistungen, beispielsweise Honorare von Physiothera-
  peuten, Heilmasseuren oder Heilpraktikern – nicht aber
  Wellnessleistungen wie Kosmetikdienstleistungen oder
  Tätowierungen;
- Umsätze, die unter das Grunderwerbsteuergesetz fallen,
  wozu in erster Linie Kauf und Verkauf von Immobilien zählen;
- Umsätze, die unter das Versicherungsteuergesetz fallen,
  das betrifft haupt- und nebenberufliche Versicherungs-
  vermittler;
- Umsätze, die unter das Rennwett- und Lotteriegesetz fallen;
- Portoumsätze der Deutschen Post sowie ihrer Wett-
  bewerber;
- viele Bankdienstleistungen für Privatpersonen wie Zinsen
  oder Kontogebühren, jedoch nicht Depotgebühren für die
  Verwaltung von Wertpapieren;
- Wohnungs- und Grundstücksmieten, soweit die Vermie-
  tung nicht an umsatzsteuerpflichtige Unternehmen erfolgt.

> **! Wichtig**
>
> Wer von der Umsatzsteuer befreite Leistungen anbietet, kann gegenüber dem Finanzamt beim Einkauf von betrieblichen Waren und Leistungen auch keinen Vorsteuerabzug geltend machen. Als Bemessungsgrundlage für den Abzug solcher Kosten bei der Einkommensermittlung dient dann der Rechnungsbetrag inklusive Umsatzsteuer – also der Bruttobetrag.

Voller und ermäßigter Umsatzsteuersatz

Einige Waren und Dienstleistungen müssen nicht mit 19 Prozent versteuert werden, sondern unterliegen dem ermäßigten Umsatzsteuersatz von 7 Prozent. Der ermäßigte Satz wurde im Jahr 1968 eingeführt, nachdem der Regelsteuersatz mit der Umstellung auf den Vorsteuerabzug deutlich erhöht worden war. Mit dieser Maßnahme wollte der Gesetzgeber verhindern, dass Grundnahrungsmittel oder kulturelle Leistungen im Preis unverhältnismäßig stark ansteigen.

In Anhang 1 und Anhang 2 des Gesetzes sind die Leistungen und Gegenstände definiert, die dem ermäßigten Umsatzsteuersatz unterliegen. Eine komplette Auflistung würde an dieser Stelle den Rahmen sprengen – allein die Liste der begünstigten Gegenstände umfasst 54 Posten. Daher nachfolgend eine grobe Kategorisierung:

- **Kultur:** Dazu zählen Bücher, Zeitungen und Zeitschriften ebenso wie Eintrittskarten für Museen, Kinos und Konzerte, aber auch Kreativleistungen, die dem Urheberrecht unterliegen.

- **Öffentliches Leben:** Auch Eintrittskarten für Schwimmbäder sowie Tickets im öffentlichen Personennahverkehr bis zu einer Entfernung von 50 Kilometern zählen zu den Posten mit ermäßigter Umsatzsteuer.

■ **Nahrungsmittel:** Die meisten Lebensmittel werden nur mit 7 Prozent Umsatzsteuer belegt, ebenso auch Fertiggerichte zum Mitnehmen. Bei der Tierzucht gilt: Endet das Tier üblicherweise als Lebensmittel beim Metzger, zählt es zu den steuerbegünstigten Nahrungsmitteln.

■ **Medizinische Leistungen und Produkte:** In diese steuerbegünstigte Rubrik fallen unter anderem Hörgeräte, Prothesen und Herzschrittmacher.

Allerdings ist diese Einteilung längst nicht mehr so eindeutig, wie es der Gesetzgeber ursprünglich einmal vorgesehen hatte. Änderungen in der gesellschaftlichen und technischen Entwicklung haben dazu geführt, dass die Steuergerechtigkeit manchmal ad absurdum geführt wird.

So sind beispielsweise fertig gekochte Gerichte mit 7 Prozent Umsatzsteuer belegt, wenn sie zum Mitnehmen über die Theke verkauft werden. Wird jedoch dasselbe Menü direkt im Restaurant verzehrt, kostet dies den Wirt 19 Prozent Umsatzsteuer. Glück, wenn die Gäste anschließend übernachten – dafür werden wieder nur 7 Prozent fällig. Dass vor diesem Hintergrund viele Wirte mit Mitnahmetheken unabhängig vom Wahrheitsgehalt möglichst viel Umsatz in den steuerbegünstigten Bereich verlagern, liegt auf der Hand. Mangels Nachprüfbarkeit ist die Dunkelziffer hoch. Der Bundesrechnungshof schätzt, dass dem Staat Umsatzsteuer in zweistelliger Millionenhöhe entgeht, weil Restaurantrechnungen fälschlich als „Außer-Haus-Umsätze" deklariert werden.

Die Steuerbegünstigung der Pferdezucht wiederum stammt aus der Zeit, als es noch Pferdemetzger gab und die Tiere als Nutz- und Schlachttiere eingestuft wurden – aber wer isst heute noch Pferdegulasch? Der ermäßigte Steuersatz jedoch blieb zur Freude aller Pferdesportliebhaber erhalten und macht so das Luxustier zum Umsatzsteuersparmodell.

Ein weiteres Beispiel aus der Lebensmittelbranche: Getränke werden – soweit es sich nicht um Milchgetränke handelt – mit 19 Prozent Umsatzsteuer belegt. Subventionen in Form eines ermäßigten Steuersatzes erhält hingegen der Käufer von Trüffeln. Warum der seltene Pilz anders als ein Fruchtsaft als schützenswertes Grundnahrungsmittel gilt, erschließt sich selbst bei wohlwollender Betrachtung nicht.

Ein Kuriosum gibt es auch bei Büchern. Werden die Bücher nach alter Väter Sitte gedruckt, dann sind nur 7 Prozent Umsatzsteuer im Kaufpreis enthalten. Wird ein und dasselbe Buch hingegen als E-Book oder Hörbuch auf CD verkauft, steigt trotz identischen Inhalts der Umsatzsteuersatz auf 19 Prozent.

[] Tipp: Beim Finanzamt fragen

In der Praxis wird dieses Thema für nebenberuflich Selbstständige meist dann relevant, wenn sie in der Erzeugung oder dem Handel von Nahrungsmitteln aktiv sind oder urheberrechtlich geschützte Leistungen beispielsweise als Journalist oder Texter anbieten. Um Nachzahlungen zu vermeiden, sollten Sie sich in diesem Fall beim Finanzamt detailliert erkundigen, welche Ihrer Leistungen oder Produkte Sie zu welchem Steuersatz verkaufen können.

Unabhängig davon, welchem Steuersatz Ihre Produkte unterliegen, können Sie bei bestehender Umsatzsteuerpflicht die Vorsteuer in vollem Umfang geltend machen. Dies gilt auch dann, wenn Sie überwiegend Produkte und Leistungen einkaufen, die nicht dem ermäßigten Umsatzsteuersatz unterliegen. Damit kann zum Beispiel der Journalist, der für seine Leistungen 7 Prozent Umsatzsteuer abführt, bei Einkauf von Büromaterial die darauf anfallenden 19 Prozent Vorsteuer ohne Einschränkung von seiner Umsatzsteuerschuld abziehen.

Umsatzsteuer bei Geschäften
mit dem Ausland

Export und Import sind längst nicht mehr allein eine Domäne
der mittelgroßen und großen Unternehmen. Auch für Freiberufler und sogar für nebenberuflich Selbstständige hat sich
der Markt in gewisser Weise globalisiert. Wenn in Ihrem Onlineshop eine Bestellung aus dem Ausland eintrudelt oder
Sie für einen Hersteller aus Italien Produkttexte übersetzen,
sind Sie ebenso mittendrin im Im- und Exportgeschäft wie
derjenige, der auf nebenberuflicher Basis Kunsthandwerk
von Freunden aus Marokko auf eBay verkauft.

Beginnen wir mit den Importgeschäften, bei denen in aller
Regel Einfuhrumsatzsteuer fällig wird, sofern die Waren aus
Ländern eingeführt werden, die nicht zur EU zählen. Der
Steuersatz entspricht der normalen Umsatzsteuer – inklusi-
ve des ermäßigten Satzes für bestimmte Waren – und wird
direkt bei der Einfuhr vom Zollamt kassiert.

Berechnungsbasis für die Einfuhrumsatzsteuer ist der
Warenwert plus eventuell anfallender Zölle und Verbrauchs-
steuern. Die Höhe des Zolls richtet sich nach der Art der
eingeführten Waren. So werden beispielsweise für T-Shirts
12 Prozent und für DVDs 3,5 Prozent Einfuhrzoll kassiert. Ver-
brauchssteuern beziehen sich in aller Regel auf Genussmit-
tel wie Tabakwaren oder alkoholische Getränke und werden
nicht auf Basis des Kaufpreises, sondern anhand der Menge
berechnet.

Bei Geschäften innerhalb der EU gibt es ein vereinfachtes
Verfahren, wenn beide Geschäftspartner über eine Umsatz-
steuer-Identifikationsnummer – abgekürzt „Umsatzsteuer-
ID" – verfügen. Diese Nummer können Sie beim Bundes-
zentralamt für Steuern in Bonn (www.bzst.de) beantragen,
sofern Sie beim Finanzamt als umsatzsteuerpflichtig ge-
meldet sind. Wenn dies der Fall ist, können die Rechnungen

ohne Umsatzsteuer ausgestellt werden und der Rechnungs-
empfänger führt die Steuer im Rahmen seiner Umsatzsteuererklärung ab.

Umgekehrt stellt sich natürlich die Frage, wie es sich mit
der Umsatzsteuer beim Verkauf von Waren oder Leistungen
ins Ausland verhält. Wenn Sie in Länder außerhalb der EU
liefern, dann sind die Lieferungen generell von der Umsatzsteuer befreit und der Empfänger muss in seinem Land die
entsprechende Einfuhrumsatzsteuer entrichten. Beim Verkauf von Waren innerhalb der EU kommt es darauf an, ob Sie
an Unternehmen oder Privatpersonen verkaufen:

- Wenn Sie an ein Unternehmen verkaufen und beide Geschäftspartner eine Umsatzsteuer-ID haben, dann brauchen Sie keine Umsatzsteuer auszuweisen.

- Verkaufen Sie an Privatpersonen in einem anderen EU-
  Land, dann müssen Sie auf Ihrer Rechnung wie beim
  Verkauf im Inland die Umsatzsteuer ausweisen und ans
  Finanzamt abführen.

Während es im Warenverkehr vergleichsweise klare Regelungen gibt, kann es bei grenzüberschreitenden Dienstleistungen knifflig werden. Dazu ein paar Beispiele:

- Sie verkaufen als freier Journalist die Abdruckrechte für
  einen Artikel an eine Tageszeitung in der Schweiz.

- Sie betreiben eine Website, die Sie mit Werbeeinblen-
  dungen von Google finanzieren. Die Abrechnung der
  Werbeeinnahmen erfolgt aus den USA. Im Falle von Google-
  Werbeeinnahmen oder Einnahmen aus ausländischen
  Fotodatenbanken wird regelmäßig unterstellt, dass sich
  der Leistungsort dort befindet, wo das Unternehmen
  seine Server betreibt – also im Ausland.

- Sie haben die Fotografie als zweites Standbein entdeckt und bieten Ihre Bilder über eine internationale Fotoagentur an, die in den USA beheimatet ist und von dort aus ihre Abrechnungen versendet.

- Sie sind als studentischer IT-Freelancer für ein paar Tage bei einem Unternehmen in der Türkei tätig, um dort die Installation neuer Software zu betreuen.

Entscheidend ist, ob sich der steuerlich relevante Leistungsort im Inland oder im Ausland befindet. Befindet sich der Leistungsort im Inland, dann müssen Sie Umsatzsteuer für Ihre Leistungen abführen. Befindet sich der Leistungsort im Ausland, dann stellen Sie eine Rechnung ohne Umsatzsteuer und es ist Sache des Leistungsempfängers, sich um die Umsatzsteuer zu kümmern.

Vorteilhaft ist es für Sie folglich immer dann, wenn der Leistungsort im Ausland liegt. Dies erkennt das Finanzamt in der Regel bei den sogenannten Katalogleistungen an. Dazu zählen beispielsweise:

- Leistungen zur Einräumung, Übertragung und Wahrnehmung von Patenten, Urheberrechten, Warenzeichenrechten und ähnlichen Rechten,

- Werbeleistungen sowie Leistungen, die der Öffentlichkeitsarbeit dienen (Werbungsmittler, Werbeagenturen),

- rechtliche, wirtschaftliche, wissenschaftliche, technische und ähnliche Beratungsleistungen,

- Datenverarbeitungsleistungen,

- Leistungen zur Überlassung von Informationen einschließlich gewerblicher Verfahren und Erfahrungen; hierzu gehört auch die Überlassung von Software

auf elektronischem Weg (nicht aber der Versand einer
Daten-CD),

■ Leistungen auf dem Gebiet der Telekommunikation sowie
Rundfunk- und Fernsehdienstleistungen.

Allerdings gibt es immer wieder auch strittige Fälle, und
wenn das Finanzamt im Rahmen einer Betriebsprüfung
nachträglich den Leistungsort vom Ausland ins Inland ver-
legt, wird es für Sie teuer. Dann nämlich müssen Sie auf alle
betroffenen Leistungen rückwirkend Umsatzsteuer abführen. Weil Sie dies in aller Regel dem Kunden nicht einfach
hinterher in Rechnung stellen können, entstehen daraus
herbe Verluste.

 Tipp: Den Steuerberater fragen

Wenn Sie Geschäfte mit ausländischen Partnern machen,
sollten Sie gleich zu Beginn einen Steuerberater konsultieren,
um vor allem auch die Frage des Leistungsorts rechtssicher
beantwortet zu bekommen. Damit vermeiden Sie das Risiko
teurer Umsatzsteuernachzahlungen.

Das Umsatzsteuer-Wahlrecht für Kleinunternehmer

Als Selbstständiger gibt es drei Möglichkeiten: Sie können
von der Umsatzsteuer befreit sein, ein Wahlrecht (Option)
haben oder umsatzsteuerpflichtig sein. Was auf Sie zutrifft,
hängt sowohl von Ihrer Branche als auch von Ihrem Umsatz
ab. Wie schon erwähnt, sind unter anderem Umsätze aus
der Tätigkeit als Bausparvertreter, Versicherungsmakler oder
aus einer heilberuflichen Tätigkeit wie Arzt, Hebamme oder
Physiotherapeut grundsätzlich von der Umsatzsteuer befreit. Umsatzsteuerpflichtig sind die meisten Tätigkeiten des
Gewerbetreibenden oder Freiberuflers: Handwerk, Handel,
Produktion von Waren sowie die meisten Dienstleistungen.

> **! Vorsicht**
>
> Dass Sie beim Überschreiten der Kleinunternehmergrenze
> umsatzsteuerpflichtig werden, sollten Sie nicht auf die leichte
> Schulter nehmen. Ende 2010 verurteilte das Finanzgericht
> Baden-Württemberg ein Rentnerehepaar zur Nachzahlung von
> gut 11.000 Euro Umsatzsteuer, weil die beiden Ruheständler
> innerhalb von zweieinhalb Jahren Spielwaren im Wert von
> mehr als 80.000 Euro über eBay verkauft hatten. Dies sei
> nicht mehr den privaten Gelegenheitsverkäufen zuzuordnen,
> sondern stelle eine gewerbliche Handelstätigkeit oberhalb
> der Kleinunternehmergrenze dar, so die Begründung der
> Finanzrichter (Finanzgericht Baden-Württemberg, 22.9.2010,
> Az. 1 K 3016/08; Revision beim Bundesfinanzhof anhängig,
> Az. VI R 2/11).

Für oder gegen die Umsatzsteuer können Sie sich hingegen
entscheiden, wenn Sie eigentlich umsatzsteuerpflichtig
sind, aber zu den Kleinunternehmern zählen. Unter dieses
Wahlrecht fallen laut Paragraf 19 des Umsatzsteuergesetzes
Unternehmen, deren Umsatz im vorangegangenen Kalenderjahr weniger als 17.500 Euro und im laufenden Jahr voraussichtlich nicht mehr als 50.000 Euro beträgt. Auf Wunsch
können Sie sich entweder von der Umsatzsteuer befreien
lassen oder auf die Anwendung der Kleinunternehmerrege-
lung verzichten. Dies müssen Sie dann dem Finanzamt mit-
teilen und die Erklärung bindet Sie fünf Kalenderjahre.

Als Kleinunternehmer sollten Sie bedenken: Die Umsatz-
steuerbefreiung ist immer dann interessant, wenn Sie
überwiegend private Kunden haben. Diese können nämlich
gezahlte Umsatzsteuer nicht als Vorsteuer geltend machen
und sind froh, wenn die Rechnung ohne Umsatzsteuer
günstiger wird. Haben Sie hingegen vor allem umsatzsteuerpflichtige Unternehmen als Kunden, wirkt sich eine
Steuerbefreiung für diese nicht aus. Beim Verzicht auf die
Umsatzsteuer können Sie selbst jedoch beim Kauf Ihrer Be-
triebsmittel auch keine Vorsteuer mehr steuermindernd geltend machen. Damit verschenken Sie bares Geld, denn Ihre

Umsatzsteuer können Ihre Kunden wiederum als Vorsteuer abziehen, sodass es aus Sicht Ihrer Kunden faktisch keinen Unterschied zwischen brutto und netto gibt.

 Tipp: Umsatzsteuer kann sich lohnen

Wenn der Großteil Ihrer Kunden umsatzsteuerpflichtig ist, sollten Sie sich auch als Kleinunternehmer für die Vorteile des mit der Umsatzsteuer verbundenen Vorsteuerabzugs entscheiden.

Differenzbesteuerung: Vorteil für Gebrauchtwarenhändler

Viele Nebenjobunternehmer haben ein Geschäftsmodell daraus gemacht, bei Privatleuten gebrauchte Waren oder Sammlerstücke zu kaufen und diese über Online-Auktionsplattformen oder auf Flohmärkten zu verkaufen. Wenn der Ertrag daraus so groß ist, dass man umsatzsteuerpflichtig wird, entsteht zunächst einmal ein gravierender Nachteil: Weil die Waren überwiegend von Privatleuten gekauft werden, die keine Umsatzsteuer ausweisen, müsste eigentlich der Händler auch auf den umsatzsteuerfreien Einkaufspreis die volle Umsatzsteuer entrichten.

Um diese Benachteilung zu vermeiden, gibt es im Umsatzsteuergesetz den Paragrafen 25 a, der im Branchenjargon zuweilen auch als „Hökerparagraf" bezeichnet wird. Darin wird sinngemäß festgelegt: Wer nachweislich gebrauchte Waren von Privatleuten oder umsatzsteuerbefreiten Organisationen kauft und diese weiterveräußert, muss nur für die Differenz zwischen Einkaufs- und Verkaufspreis Umsatzsteuer abführen.

Das bringt einen gewaltigen steuerlichen Vorteil, wie die folgende Vergleichsrechnung zeigt:

	Herkömmliche USt-Ermittlung	Differenz-besteuerung
Einkaufspreis	250,00 Euro	250,00 Euro
darin enthaltene Vorsteuer	0,00 Euro	0,00 Euro
Verkaufspreis	400,00 Euro	400,00 Euro
Basis für USt-Ermittlung	400,00 Euro	150,00 Euro
darin enthaltene Umsatz-steuer/Steuerschuld	63,87 Euro	23,95 Euro

Wenn Sie dieses Verfahren nutzen, dann müssen Sie auf der Rechnung darauf hinweisen, dass Sie die Differenzbesteuerung anwenden. Der Umsatzsteuerbetrag darf als solcher jedoch nicht ausgewiesen werden – damit kann dann ein Unternehmenskunde die enthaltene Umsatzsteuer nicht als Vorsteuer abziehen. Weil jedoch die Kunden bei solchen Geschäften überwiegend Privatleute sind, fällt dieser Nachteil kaum ins Gewicht.

[ ] Tipp: Vorsteuerabzug trotz Differenzbesteuerung

Auch wenn Sie die Differenzbesteuerung nutzen, können Sie bei Ihren betrieblichen Anschaffungen wie beispielsweise Büro- oder Verpackungsmaterial die Vorsteuer in vollem Umfang abziehen. Allerdings muss aus Ihren Aufzeichnungen klar ersichtlich sein, wo die Differenzbesteuerung angewandt wird und wo nicht.

Die Umsatzsteuervoranmeldung und -erklärung

Wenn Sie umsatzsteuerpflichtig sind, müssen Sie ähnlich wie bei der Einkommensteuer auch für die Umsatzsteuer jährlich eine eigenständige Steuererklärung abgeben. Ob Sie darüber hinaus noch in vierteljährlichem oder monatlichem Abstand Voranmeldungen leisten müssen, hängt von der Steuerschuld des vergangenen Jahrs ab:

■ Wenn Sie im Vorjahr **maximal 1.000 Euro** Umsatzsteuer
entrichten mussten, dann brauchen Sie keine Voranmeldungen abzugeben.

■ Lag im Vorjahr Ihre Umsatzsteuerschuld **zwischen 1.000
und 7.500 Euro**, dann müssen Sie vierteljährliche Voranmeldungen abgeben.

■ Bei **höherer Umsatzsteuerschuld** im Vorjahr wird eine monatliche Voranmeldung verlangt.

Die Voranmeldung funktioniert recht einfach: Sie addieren
im betreffenden Zeitraum Ihre Umsätze und ermitteln die
daraus resultierende Umsatzsteuer. Davon ziehen Sie die
Vorsteuer ab, die Sie beim Begleichen Ihrer Rechnungen für
betriebliche Anschaffungen und Leistungen gezahlt haben.
Die Differenz davon zahlen Sie an das Finanzamt. Dazu eine
kleine Beispielrechnung:

	Nettoumsatz	Umsatz-/ Vorsteuer
Umsatz zu 19 % USt.	3.000,00 Euro	570,00 Euro
Vorsteuer aus erhaltenen Lieferungen und Leistungen		120,00 Euro
Verbleibende Umsatzsteuer-Vorauszahlung		**450,00 Euro**

**[ ] Tipp: Umsatzsteuer bei Kleinbetragsrechnungen
richtig ermitteln**

Bei Kleinbetragsrechnungen bis 150 Euro muss zwar der Umsatzsteuersatz angegeben, aber nicht der Betrag nach Nettopreis und
Umsatzsteuer aufgeteilt werden. In solchen Fällen ist es wichtig,
die Umsatz- oder Vorsteuer korrekt zu ermitteln. Falsch wäre es,
einfach 19 Prozent aus dem Gesamtbetrag herauszurechnen,
weil sich die 19 Prozent ja auf den geringeren Nettobetrag beziehen. Die korrekte Formel lautet daher:

Enthaltene USt. = Gesamtbetrag : 119 x 19 oder bei ermäßigtem
USt.-Satz Gesamtbetrag : 107 x 7.

Bei der Umsatzsteuererklärung (Formular siehe Seite 134 ff.) fassen Sie das Ganze nochmals bezogen auf das Steuerjahr zusammen – was in der Praxis bedeutet, dass sich bei sorgfältigem Abfassen der Voranmeldungen kaum Nach- oder Rückzahlungen ergeben. Eingereicht werden muss die Voranmeldung in elektronischer Form im sogenannten ELSTER-Verfahren. Das Kürzel will übrigens nicht das Verhalten des Finanzamts mit dem diebischen Vogel vergleichen, sondern steht für „Elektronische Steuererklärung". Für die Onlineabgabe der Voranmeldungen brauchen Sie keine Extrasoftware, denn das elektronische Formular können Sie über den Internetbrowser ausfüllen. Mehr Informationen finden Sie auf www.elster.de.

Abzugeben ist die Voranmeldung spätestens bis zum 10. Tag nach Ablaufen des Voranmeldungszeitraums. Der späteste Termin ist dann beispielsweise bei vierteljährlicher Voranmeldung fürs erste Quartal der 10. April und bei monatlicher Voranmeldung für Januar der 10. Februar.

Das kann natürlich knapp werden und wenn Sie die Abgabefrist nicht einhalten, kann das Finanzamt einen Verspätungszuschlag erheben. Dagegen hilft das Beantragen einer Dauerfristverlängerung, sodass sich die Frist für die Voranmeldung um einen Monat verlängert. Die Voranmeldung zum Beispiel für den Monat März muss dann erst am 10. Mai abgegeben werden. Der Antrag auf Dauerfristverlängerung bedarf keiner Begründung und wird im Regelfall anstandslos vom Finanzamt bewilligt.

Hat das Finanzamt eine Dauerfristverlängerung genehmigt, ist bei monatlicher Anmeldepflicht eine Sondervorauszahlung zu leisten, die 1/11 der Summe der Vorauszahlungen des Vorjahrs beträgt und in der Erklärung für den Dezember angerechnet wird. Auch für die vierteljährliche Voranmeldung ist eine Dauerfristverlängerung möglich, hier muss dann jedoch keine Sondervorauszahlung geleistet werden.

Tipp: Verspätungszuschlag steuerlich geltend machen

Wenn Sie einmal den Termin verpasst haben und einen Verspätungszuschlag zahlen mussten, können Sie diesen als Betriebsausgabe steuerlich geltend machen und sich auf diese Weise zumindest einen Teil der Strafgebühr wieder vom Finanzamt zurückholen.

Welche Umsätze und Ausgaben bei der Voranmeldung oder Umsatzsteuererklärung zu berücksichtigen sind, hängt davon ab, ob Sie der Soll- oder Ist-Besteuerung unterliegen.

Die Unterschiede: Bei der Soll-Besteuerung gilt ein Umsatz als angefallen, sobald die Rechnung geschrieben ist – unabhängig davon, wie lang das Zahlungsziel ist und wann der Kunde tatsächlich zahlt. Bei der Ist-Besteuerung hingegen ist der Tag des Zahlungseingangs ausschlaggebend.

Als Eselsbrücke können Sie sich merken: Die Soll-Besteuerung greift dann, wenn die Rechnung geschrieben ist und der Kunde zahlen „soll". Die Ist-Besteuerung greift dann, wenn die Rechnung bezahlt „ist".

Die Ist-Besteuerung ist naturgemäß die weitaus charmantere Version, denn damit müssen Sie nicht erst mit Umsatzsteuer und Einkommensteuer in Vorleistung gehen und hoffen, dass der Kunde die Rechnung auch wirklich zahlt. Alle Unternehmen mit weniger als 500.000 Euro Jahresumsatz dürfen die Ist-Besteuerung wählen – da sind nebenberuflich Selbstständige allemal mit dabei.

 Tipp: Wie Sie die Ist-Besteuerung anerkennen lassen

Damit die Ist-Besteuerung für Sie anerkannt wird, müssen Sie beim zuständigen Finanzamt einen „Antrag auf Genehmigung der Besteuerung nach vereinnahmten Entgelten" (gemäß Paragraf 20 Abs. 1 Nr. 1 UStG) stellen.

– Bitte weiße Felder ausfüllen oder ⊠ ankreuzen, Anleitung beachten –

2013

Zeile		Eingangsstempel
1	An das Finanzamt	

2 **Steuernummer**

3

4 **Umsatzsteuererklärung** 121 .

5 Berichtigte Steuererklärung (falls ja, bitte eine „1" eintragen) 110

| 50 | 13 | 1 | | 99 | 11 |

6 **A. Allgemeine Angaben**

7 Name des Unternehmers

8 ggf. abweichender Firmenname

9 Art des Unternehmens

10 Straße, Haus-Nr.

11 PLZ   Ort

12 Telefon

13 E-Mail-Adresse

14 **Dauer der Unternehmereigenschaft**
(nur ausfüllen, falls nicht vom 1. Januar bis zum 31. Dezember 2013) vom bis zum

15 1. Zeitraum . . . . T T M M T T M M

16 2. Zeitraum . . . . T T M M T T M M

17 **Die Abschlusszahlung ist binnen einem Monat nach der Abgabe der Steuererklärung
zu entrichten (§ 18 Abs. 4 UStG).** Ein Erstattungsbetrag wird auf das dem Finanzamt benannte Konto
überwiesen, soweit der Betrag nicht mit Steuerschulden verrechnet wird.

18 **Verrechnung des Erstattungsbetrages erwünscht / Erstattungsbetrag ist abgetreten**
(falls ja, bitte eine „1" eintragen) 129

19 Geben Sie bitte die Verrechnungswünsche auf einem besonderen Blatt an oder auf dem beim Finanzamt erhältlichen Vordruck „Verrechnungsantrag".

20 **Ein Umsatzsteuerbescheid ergeht nur, wenn von Ihrer Berechnung der Umsatzsteuer abgewichen wird.**

21 Hinweis nach den Vorschriften der Datenschutzgesetze: Die mit der Steuererklärung angeforderten Daten werden auf Grund der
§§ 149 ff. der Abgabenordnung sowie der §§ 18, 18b des Umsatzsteuergesetzes erhoben. Die Angabe der Telefonnummer und der E-Mail-
Adresse ist freiwillig.

22 **B. Angaben zur Besteuerung der Kleinunternehmer (§ 19 Abs. 1 UStG)**

23 Die Zeilen 24 und 25 sind nur auszufüllen, wenn der Umsatz **2012** (zuzüglich Steuer) nicht mehr als
17 500 € betragen hat und auf die Anwendung des § 19 Abs. 1 UStG nicht verzichtet worden ist.

Betrag
volle EUR

24 **Umsatz im Kalenderjahr 2012** 238

  } (Berechnung nach § 19 Abs. 1 und 3 UStG)

25 **Umsatz im Kalenderjahr 2013** 239

26 **Unterschrift**
Ich habe dieser Steuererklärung die Anlage UR

Bei der Anfertigung dieser
Steuererklärung einschließlich
der Anlagen hat mitgewirkt:

27 ☒ beigefügt.

28 ☒ nicht beigefügt, weil ich darin keine Angaben zu machen hatte.

29

30

Datum, eigenhändige Unterschrift des Unternehmers

– 2 –

Steuernummer:

Zeile 31	C. Steuerpflichtige Lieferungen, sonstige Leistungen und unentgeltliche Wertabgaben	Bemessungsgrundlage ohne Umsatzsteuer volle EUR		Steuer EUR	Ct

32

Umsätze zum allgemeinen Steuersatz

33 Lieferungen und sonstige Leistungen .... zu 19 %   177

Unentgeltliche Wertabgaben
34 a) Lieferungen nach § 3 Abs. 1b UStG .... zu 19 %   178

35 b) Sonstige Leistungen nach § 3 Abs. 9a UStG .. zu 19 %   179

Umsätze zum ermäßigten Steuersatz
36 Lieferungen und sonstige Leistungen .... zu 7 %   275

Unentgeltliche Wertabgaben
37 a) Lieferungen nach § 3 Abs. 1b UStG .... zu 7 %   195

38 b) Sonstige Leistungen nach § 3 Abs. 9a UStG ... zu 7 %   196

39

40

41

42 **Umsätze zu anderen Steuersätzen**   155   156

43

44

45

46 **Umsätze land- und forstwirtschaftlicher Betriebe nach § 24 UStG**
a) Lieferungen in das übrige Gemeinschaftsgebiet an
47 Abnehmer mit USt-IdNr.   777

b) Steuerpflichtige Lieferungen (einschließlich unentgeltli-
48 cher Wertabgaben) von **Sägewerkserzeugnissen**, die in der Anlage 2 UStG nicht aufgeführt sind   255   256

49 c) Steuerpflichtige Umsätze (einschließlich unentgeltlicher Wertabgaben) von **Getränken**, die in der Anlage 2 zum UStG nicht aufgeführt sind, sowie von **alkoholischen**
50 **Flüssigkeiten** (z.B. Wein) .... zu 8,3%   344

51 Umsätze zu anderen Steuersätzen   257   258

52 d) Übrige steuerpflichtige Umsätze land- und forstwirtschaftlicher Betriebe, für die keine Steuer zu entrichten ist ...   361

53

54

55 **Steuer infolge Wechsels der Besteuerungsform:**
Nachsteuer/Anrechnung der Steuer, die auf bereits versteuerte Anzahlungen entfällt (im Falle der **Anrechnung**
56 bitte auch Zeile 57 ausfüllen)   317

57 Betrag der Anzahlungen, für die die anzurechnende Steuer in Zeile 56 angegeben worden ist   367

58 Nachsteuer auf versteuerte Anzahlungen u.ä. wegen **Steuersatzänderung**..................   319

59

60 Summe .... (zu übertragen in Zeile 92)

2013USt2A502   2013USt2A502

– 3 –

Steuernummer:

Zeile	**D. Abziehbare Vorsteuerbeträge** (ohne die Berichtigung nach § 15a UStG)			Steuer	
61				EUR	Ct
62	Vorsteuerbeträge aus Rechnungen von anderen Unternehmern (§ 15 Abs. 1 Satz 1 Nr. 1 UStG). . .	320			,
63	Vorsteuerbeträge aus innergemeinschaftlichen Erwerben von Gegenständen (§ 15 Abs. 1 Nr. 3 UStG)	761			,
64	Entstandene Einfuhrumsatzsteuer (§ 15 Abs. 1 Satz 1 Nr. 2 UStG)	762			,
65	Vorsteuerabzug für die Steuer, die der Abnehmer als Auslagerer nach § 13a Abs. 1 Nr. 6 UStG schuldet (§ 15 Abs. 1 Satz 1 Nr. 5 UStG)	466			,
66	Vorsteuerbeträge aus Leistungen im Sinne des § 13b UStG (§ 15 Abs. 1 Satz 1 Nr. 4 UStG)	467			,
67	Vorsteuerbeträge, die nach den allgemeinen Durchschnittssätzen berechnet sind (§ 23 UStG)	333			,
68	Vorsteuerbeträge nach dem Durchschnittssatz für bestimmte Körperschaften, Personen- vereinigungen und Vermögensmassen (§ 23a UStG)	334			,
69	Vorsteuerabzug für innergemeinschaftliche Lieferungen **neuer Fahrzeuge** außerhalb eines Unter- nehmens (§ 2a UStG) sowie von Kleinunternehmern i.S.d. § 19 Abs. 1 UStG (§ 15 Abs. 4a UStG) . .	759			,
70	Vorsteuerbeträge aus innergemeinschaftlichen Dreiecksgeschäften (§ 25b Abs. 5 UStG)	760			,
71	Summe . . . . (zu übertragen in Zeile 99)				,

Zeile	**E. Berichtigung des Vorsteuerabzugs (§ 15a UStG)**		
72	Sind im Kalenderjahr 2013 **Grundstücke, Grundstücksteile, Gebäude** oder **Gebäudeteile,** für die Vorsteuer abgezogen worden ist, erstmals tatsächlich verwendet worden?	370	
73	Falls ja, bitte eine „1" eintragen		
74	(Geben Sie bitte auf besonderem Blatt für jedes Grundstück oder Gebäude gesondert an: Lage, Zeitpunkt der erstmaligen tatsächlichen Verwendung, Art und Umfang der Verwendung im Erstjahr, insgesamt angefallene Vorsteuer, in den Vorjahren - Investitionsphase - bereits abgezogene Vorsteuer)		
75	Haben sich im Jahr 2013 die für den ursprünglichen Vorsteuerabzug maßgebenden Verhältnisse geändert bei		
76	1. **Grundstücken, Grundstücksteilen, Gebäuden** oder **Gebäudeteilen,** die innerhalb der letzten 10 Jahre erstmals tatsächlich und **nicht nur einmalig** zur Ausführung von Umsätzen verwendet worden sind? Falls ja, bitte eine „1" eintragen	371	.
77	2. **anderen Wirtschaftsgütern und sonstigen Leistungen,** die innerhalb der letzten 5 Jahre erstmals tatsächlich und **nicht nur einmalig** zur Ausführung von Umsätzen verwendet worden sind? Falls ja, bitte eine „1" eintragen	372	
78	3. **Wirtschaftsgütern und sonstigen Leistungen,** die **nur einmalig** zur Ausführung von Umsätzen verwendet worden sind? Falls ja, bitte eine „1" eintragen	369	
79	Die Verhältnisse, die ursprünglich für die Beurteilung des Vorsteuerabzugs maßgebend waren, haben sich seitdem geändert durch		

Zeile				
80	☒ Veräußerung	☒ Lieferung i.S. des § 3 Abs. 1b UStG	☒ Wechsel der Besteuerungsform, § 15a Abs. 7 UStG	
81	☒ Nutzungsänderung, und zwar			
82	☒ Übergang von steuerpflichtiger zu steuerfreier Vermietung oder umgekehrt bzw. Änderung des Verwendungsschlüssels bei gemischt genutzten Grundstücken (insbesondere bei Mieterwechsel)			
83	☒ steuerfreie Vermietung bisher eigengewerblich genutzter Räume oder umgekehrt; Übergang von einer Vermietung für NATO- oder ähnliche Zwecke zu einer nach § 4 Nr. 12 UStG steuerfreien Vermietung			
84	☒			

Zeile	**Vorsteuerberichtigungsbeträge**	nachträglich abziehbar		zurückzuzahlen	
85		EUR	Ct	EUR	Ct
86	zu 1. (Grundstücke usw., § 15a Abs. 1 Satz 2 UStG) . .		,		,
87	zu 2. (andere Wirtschaftsgüter usw., § 15a Abs. 1 Satz 1 UStG)		,		,
88	zu 3. (Wirtschaftsgüter usw., § 15a Abs. 2 UStG)		,		,
89	Summe	357		359	
90		zu übertragen in Zeile 100		zu übertragen in Zeile 97	

2013USt2A503   2013USt2A503

■ **Freiberufler** sind grundsätzlich keine Kaufleute und werden daher nur dann ins Handelsregister eingetragen, wenn beispielsweise eine Anwaltskanzlei die Rechtsform einer GmbH wählt.

Eine wichtige Konsequenz bei der Unterscheidung zwischen Kaufleuten und Nichtkaufleuten ist, dass für Kaufleute die Buchführung mitsamt Bilanzierung und Gewinn-und-Verlust-Rechnung Pflicht ist. Das erfordert einen hohen Aufwand und macht in aller Regel die Hinzuziehung eines Steuerberaters notwendig.

Als nebenberuflich Selbstständiger sollten Sie daher aufpassen, dass Sie nicht mit einem Kleinbetrieb buchführungspflichtig werden, was beispielsweise bei der Gründung einer UG der Fall sein würde. Dann nämlich könnte es sein, dass Sie einen großen Anteil Ihres Umsatzes gleich an den Steuerberater für Buchführung und Bilanzierung weitergeben müssen.

Können Sie hingegen Ihr Unternehmen so aufbauen, dass Sie als Unternehmer ohne kaufmännischen Betrieb gelten, dann brauchen Sie nur die weitaus einfachere Einnahmenüberschussrechnung (EÜR) zu erstellen, die auf den nachfolgenden Seiten näher erläutert wird.

[ ] **Tipp: Die richtige Geschäftsform wählen**

Damit Sie nicht zur aufwendigen und teuren Buchführung verpflichtet werden, sollten Sie bei der nebenberuflichen Selbstständigkeit entweder als Einzelunternehmer oder – wenn Sie Ihr Geschäft zusammen mit Freunden oder Kollegen betreiben – in Form einer Gesellschaft bürgerlichen Rechts (GbR) auftreten.

Der Aufbau der Einnahmenüberschussrechnung (EÜR)

Lange Zeit galten für die Einnahmenüberschussrechnung keine besonderen Formvorschriften. Solange die Einnahmen und Ausgaben nachvollziehbar dargestellt wurden, akzeptierte das Finanzamt auch „selbst gestrickte" Formulare, die mit einem Tabellenkalkulationsprogramm erstellt wurden.

Doch mit dieser Toleranz ist seit dem Jahr 2005 Schluss, und der Fiskus verlangt, dass die Gewinnermittlung auf einheitliche Weise auf einem amtlichen Steuerformular mit der Bezeichnung „EÜR" zu erfolgen hat. Bislang ist jedoch strittig, ob das Finanzamt andere Einnahmenüberschussrechnungen zurückweisen darf. Das Finanzgericht Münster sprach Selbstständige von der Verpflichtung frei, die Einnahmenüberschussrechnungen auf dem staatlichen Formular vorzunehmen (17.12.2008, Az. 6 K 2187/08). Endgültig entschieden ist die Frage damit jedoch noch nicht, denn der Streit wird derzeit beim Bundesfinanzhof als letzter Instanz weitergeführt (Az. X R 18/09).

Bis die Angelegenheit endgültig entschieden ist, bleibt es damit dem Wohlwollen des Sachbearbeiters überlassen, ob eine einfache Einnahmenüberschussrechnung auf Tabellenkalkulationsbasis akzeptiert wird oder nicht.

Basis der Ausführungen in diesem Buch ist das amtliche Formular (abgebildet auf den Seiten 144ff.), das zwar einige Posten enthält, die für nebenberuflich Selbstständige nur in Ausnahmefällen relevant sind, in seiner Grundstruktur aber trotzdem als sinnvoller Maßstab für den typischen Aufbau der vereinfachten Gewinnermittlung dient. Bei der Einnahmenüberschussrechnung gilt grundsätzlich die Ist-Besteuerung – es zählt der Zeitpunkt, an dem gezahlt wird. Eine Rechnung vom Dezember 2013, die erst im Januar 2014 bezahlt wurde, fällt folglich in die Gewinnrechnung des Jahrs 2014.

Im ersten Schritt summieren Sie sämtliche Nettoumsätze
sowie – wenn Sie umsatzsteuerpflichtig sind – die darauf
berechnete Umsatzsteuer. Zu den Umsätzen zählen auch
Privatverbrauchsanteile wie beispielsweise die anteilige
Privatnutzung des Telefons.

Ein Beispiel zum Privatverbrauch:

Sie haben mit dem Finanzamt vereinbart, dass die Hälfte
Ihrer Telefon- und Internetgebühren als Privatverbrauch
gezählt wird. Bei jährlichen Telefon- und Internetkosten von
800 Euro plus 19 Prozent Umsatzsteuer müssen Sie als
gewinnerhöhenden Privatverbrauch 400 Euro plus 19 Prozent
Umsatzsteuer aufführen.

Ebenfalls als Umsatz zählt es, wenn Sie ein Anlagegut verkaufen. Der Verkaufspreis wird bei den Einnahmen verbucht
und die „Ausbuchung" des Restwerts im Anlagenverzeichnis – dazu mehr auf Seite 151 f. – zählt als gewinnmindernder
Aufwand. Je nachdem ob der Verkaufspreis höher oder niedriger als der im Anlagenverzeichnis aufgeführte Restwert
war, entsteht daraus ein Gewinn oder ein Verlust.

Die Summe aus Nettoumsatz, Umsatzsteuer und Privatverbrauch ergibt nun Ihren Bruttoumsatz, von dem Sie die
betrieblichen Aufwendungen abziehen können. Dazu zählen
insbesondere

- Wareneinkauf, Roh- und Hilfsstoffe,
- Fremdleistungen,
- Abschreibung auf betrieblich genutzte Anlagegüter
  (Absetzung für Abnutzung, AfA) wie z.B. Computer oder
  Firmenwagen,
- Raumkosten für Ihre Geschäftsräume,
- Telefon-, Internet- und Portokosten,
- Kreditzinsen für die Finanzierung von betrieblichen
  Anlage- und Verbrauchsgütern,

- ausschließlich betriebliche Versicherungen
  (keine Kranken- und Rentenversicherung, aber zum
  Beispiel die Berufshaftpflichtversicherung),
- Beiträge an Berufsverbände,
- betriebliche GEZ-Gebühren,
- betrieblich verursachte Reisekosten, zum Beispiel mit
  Bahn, Flugzeug, Taxi oder dem privaten Pkw,
- Kontogebühren für das betriebliche Bankkonto,
- Ausgaben für Werbung.

All diese Aufwendungen führen Sie separat mit Netto- und Vorsteuerbeträgen auf. Ebenfalls als gewinnmindernder Aufwand zählen die Vorsteuer aus dem Kauf von Anlagegütern sowie bei betrieblicher Nutzung des privaten Autos die Vorsteuer aus den betrieblich verursachten Benzinkosten – hierfür benötigen Sie eine Aufstellung der betrieblich bedingten Fahrten.

Nun kommt für umsatzsteuerpflichtige Selbstständige ein Teil der Rechnung, der nicht ganz einfach nachvollziehbar ist – nämlich die Einbindung von Vor- und Umsatzsteuer in die Einnahmenüberschussrechnung. Zunächst einmal haben alle Umsatzsteuereinnahmen, obwohl Sie diese schon per Umsatzsteuervoranmeldung ans Finanzamt abgeführt haben, den Umsatz und damit den steuerlichen Gewinn erhöht. Im Gegenzug dafür dürfen Sie davon nicht nur Ihre an die Lieferanten gezahlte Vorsteuer abziehen, sondern auch die im Rahmen der Umsatzsteuervoranmeldung und -erklärung gezahlten Abgaben ans Finanzamt.

Weil das Zu- und Abflussprinzip gilt, kann es bei der Verrechnung der Umsatzsteuer eine zeitliche Verschiebung geben – nämlich dann, wenn Sie Ihre Umsatzsteuervorauszahlung verspätet leisten. Wenn Sie zum Beispiel quartalsweise Umsatzsteuer vorauszahlen, wird Ihre Quartals-Vorauszahlung für das vierte Quartal 2013 bis zum 10. Januar 2014 fällig. Halten Sie diese Frist ein, verbuchen Sie die Zahlung im

Jahr 2013. Zahlen Sie jedoch erst nach dem 10. Januar, fällt die Zahlung ins Jahr 2014. Dies wird auch als „10-Tage-Regelung" bezeichnet. Nach- oder Rückzahlungen aus der Umsatzsteuererklärung des Vorjahrs werden regelmäßig im Jahr des Zu- oder Abflusses berücksichtigt.

> **❗ Wichtig**
>
> Alle steuerlich relevanten Belege unterliegen der gesetzlichen Aufbewahrungspflicht von zehn Jahren. Alte Belege sollten Sie daher auf gar keinen Fall entsorgen, sondern bis zum Ende der Aufbewahrungsfrist archivieren.

Wenn Sie eine Einnahmenüberschussrechnung erstellen, müssen Sie in der Regel keine Einzelbelege beim Finanzamt abgeben, sondern nur das ausgefüllte EÜR-Formular, die Anlage G bei gewerblichem Betrieb bzw. die Anlage S bei freiberuflicher Tätigkeit sowie bei Bedarf das Formular für die Berechnung der Schuldzinsen und das Anlagenverzeichnis für die AfA (siehe folgende Seiten). Ob die Einnahmenüberschussrechnung mit den Belegen übereinstimmt, kann im Rahmen einer Betriebsprüfung vom Finanzamt geprüft werden. Üblicherweise werden hierbei die Bücher der letzten vier Geschäftsjahre unter die Lupe genommen.

2013

Anlage EÜR
Bitte für jeden Betrieb eine
gesonderte Anlage EÜR einreichen!

Name/Gesellschaft/Gemeinschaft/Körperschaft

1

Vorname

2

3 (Betriebs-)Steuernummer | 77 | 13 | 1

Einnahmenüberschussrechnung | 99 | 15
nach § 4 Abs. 3 EStG für das Kalenderjahr 2013   Beginn   Ende

4   davon abweichend 131 T T M M 2 0 1 3 132 T T M M J J J J

5 Art des Betriebs   100   Zuordnung zur Einkunfts-
                                                             art (siehe Anleitung)
                                                             105

6 Rechtsform des Betriebs

7 Wurde im Kalenderjahr/Wirtschaftsjahr der Betrieb veräußert oder aufgegeben? (Bitte Zeile 76 beachten) 111   Ja = 1

8 Wurden im Kalenderjahr/Wirtschaftsjahr Grundstücke/grundstücksgleiche Rechte entnommen
   oder veräußert?   120   Ja = 1 oder Nein = 2

1. Gewinnermittlung | 99 | 20

Betriebseinnahmen   EUR | Ct

9 Betriebseinnahmen als umsatzsteuerlicher **Kleinunternehmer** (nach § 19 Abs. 1 UStG) 111

10 davon nicht steuerbare Umsätze sowie
    Umsätze nach § 19 Abs. 3 Satz 1 Nr. 1 119   *(weiter ab Zeile 15)*
    und 2 UStG

11 Betriebseinnahmen als **Land- und Forstwirt**, soweit die Durchschnittssatz-
    besteuerung nach § 24 UStG angewandt wird   104

12 Umsatzsteuerpflichtige Betriebseinnahmen   112

13 Umsatzsteuerfreie, nicht umsatzsteuerbare Betriebseinnahmen sowie Betriebsein-
    nahmen, für die der Leistungsempfänger die Umsatzsteuer nach § 13b UStG schuldet 103

14 Vereinnahmte Umsatzsteuer sowie Umsatzsteuer auf unentgeltliche Wertabgaben 140

15 Vom Finanzamt erstattete und ggf. verrechnete Umsatzsteuer 141

16 Veräußerung oder Entnahme von Anlagevermögen   102

17 Private Kfz-Nutzung   106

18 Sonstige Sach-, Nutzungs- und Leistungsentnahmen   108

19 Auflösung von Rücklagen und Ausgleichsposten (Übertrag aus Zeile 86)

20 **Summe Betriebseinnahmen** (Übertrag in Zeile 71)   159

Betriebsausgaben | 99 | 25
                                                             EUR | Ct

21 Betriebsausgabenpauschale **für bestimmte Berufsgruppen** und/oder Freibetrag
    nach § 3 Nr. 26, 26a und/oder 26b EStG   190

22 Sachliche Bebauungskostenpauschale für **Weinbaubetriebe**/
    Betriebsausgabenpauschale für **Forstwirte**   191

23 Waren, Rohstoffe und Hilfsstoffe einschl. der Nebenkosten 100

24 Bezogene Fremdleistungen   110

25 Ausgaben für eigenes Personal (z. B. Gehälter, Löhne und Versicherungsbeiträge) 120

Absetzung für Abnutzung (AfA)

26 AfA auf unbewegliche Wirtschaftsgüter (ohne AfA für das häusliche Arbeitszimmer) 136

27 AfA auf immaterielle Wirtschaftsgüter (z. B. erworbene Firmen-, Geschäfts- oder
    Praxiswerte)   131

28 AfA auf bewegliche Wirtschaftsgüter (z. B. Maschinen, Kfz) 130

                        Übertrag (Summe Zeilen 21 bis 28)

2013AnlEÜR801   – Juni 2013 –   2013AnlEÜR801

(Betriebs-)Steuernummer

		EUR	Ct
	Übertrag (Summe Zeilen 21 bis 28)		
31	Sonderabschreibungen nach § 7g EStG	134	
32	Herabsetzungsbeträge nach § 7g Abs. 2 EStG (Erläuterungen auf gesondertem Blatt)	138	
33	Aufwendungen für geringwertige Wirtschaftsgüter nach § 6 Abs. 2 EStG	132	
34	Auflösung Sammelposten nach § 6 Abs. 2a EStG	137	
35	Restbuchwert der ausgeschiedenen Anlagegüter	135	
36	**Raumkosten und sonstige Grundstücksaufwendungen** (ohne häusliches Arbeitszimmer) Miete/Pacht für Geschäftsräume und betrieblich genutzte Grundstücke	150	
37	Miete/Aufwendungen für doppelte Haushaltsführung	152	
38	Sonstige Aufwendungen für betrieblich genutzte Grundstücke (ohne Schuldzinsen und AfA)	151	
39	**Sonstige unbeschränkt abziehbare Betriebsausgaben** Aufwendungen für Telekommunikation (z. B. Telefon, Internet)	280	
40	Übernachtungs- und Reisenebenkosten bei Geschäftsreisen des Steuerpflichtigen	221	
41	Fortbildungskosten (ohne Reisekosten)	281	
42	Rechts- und Steuerberatung, Buchführung	194	
43	Miete/Leasing für bewegliche Wirtschaftsgüter (ohne Kraftfahrzeuge)	222	
44	Beiträge, Gebühren, Abgaben und Versicherungen (ohne solche für Gebäude und Kraftfahrzeuge)	223	
45	Werbekosten (z. B. Inserate, Werbespots, Plakate)	224	
46	Schuldzinsen zur Finanzierung von Anschaffungs- und Herstellungskosten von Wirtschaftsgütern des Anlagevermögens (ohne häusliches Arbeitszimmer)	232	
47	Übrige Schuldzinsen	234	
48	Gezahlte Vorsteuerbeträge	185	
49	An das Finanzamt gezahlte und ggf. verrechnete Umsatzsteuer (Die Regelung zum 10-Tageszeitraum nach § 11 Abs. 2 Satz 2 EStG ist zu beachten)	186	
50	Rücklagen, stille Reserven und/oder Ausgleichsposten (Übertrag aus Zeile 86)	183	
51	Übrige unbeschränkt abziehbare Betriebsausgaben	183	

	Beschränkt abziehbare Betriebsausgaben und Gewerbesteuer	nicht abziehbar EUR	Ct		abziehbar EUR	Ct
52	Geschenke	164		174		
53	Bewirtungsaufwendungen	165		175		
54	Verpflegungsmehraufwendungen			171		
55	Aufwendungen für ein häusliches Arbeitszimmer (einschl. AfA und Schuldzinsen)	162		172		
56	Sonstige beschränkt abziehbare Betriebsausgaben	168		177		
57	Gewerbesteuer	217		218		

	Kraftfahrzeugkosten und andere Fahrtkosten		EUR	Ct
58	Leasingkosten	144		
59	Steuern, Versicherungen und Maut	145		
60	Sonstige tatsächliche Fahrtkosten ohne AfA und Zinsen (z. B. Reparaturen, Wartungen, Treibstoff, Kosten für Flugstrecken, Kosten für öffentliche Verkehrsmittel)	146		
61	Fahrtkosten für nicht zum Betriebsvermögen gehörende Fahrzeuge (Nutzungseinlage)	147		
62	Kraftfahrzeugkosten für Wege zwischen Wohnung und Betriebsstätte; Familienheimfahrten (pauschaliert oder tatsächlich)	142 –		
63	Mindestens abziehbare Kraftfahrzeugkosten für Wege zwischen Wohnung und Betriebsstätte (Entfernungspauschale); Familienheimfahrten	176 +		
64	**Summe Betriebsausgaben** (Übertrag in Zeile 72)	199		

2013AnlEÜR802   2013AnlEÜR802

(Betriebs-)Steuernummer

Ermittlung des Gewinns

EUR | Ct

		EUR	Ct
71	Summe der Betriebseinnahmen (Übertrag aus Zeile 20)		
72	abzüglich Summe der Betriebsausgaben (Übertrag aus Zeile 64) −		

zuzüglich

73	− Hinzurechnung der Investitionsabzugsbeträge nach § 7g Abs. 2 EStG (Erläuterungen auf gesondertem Blatt)	188 +	
74	− Gewinnzuschlag nach § 6b Abs. 7 und 10 EStG	123 +	

abzüglich

75	− Investitionsabzugsbeträge nach § 7g Abs. 1 EStG (Erläuterungen auf gesondertem Blatt)	187 −	
76	Hinzurechnungen und Abrechnungen bei Wechsel der Gewinnermittlungsart (Erläuterungen auf gesondertem Blatt)	250	
77	Ergebnisanteile aus Beteiligungen an Personengesellschaften	255	
78	Korrigierter Gewinn/Verlust	290	

		Gesamtbetrag		Korrekturbetrag
79	Bereits berücksichtigte Beträge, für die das Teileinkünfte-verfahren bzw. § 8b KStG gilt	261	262	
80	Steuerpflichtiger Gewinn/Verlust vor Anwendung des § 4 Abs. 4a EStG	293		
81	Hinzurechnungsbetrag nach § 4 Abs. 4a EStG	271 +		
82	**Steuerpflichtiger Gewinn/Verlust**	219		

2. Ergänzende Angaben

99 | 27

Rücklagen und stille Reserven
(Erläuterungen auf gesondertem Blatt)

			Bildung/Übertragung EUR	Ct	Auflösung EUR	Ct
83	Rücklagen nach § 6c i. V. m. § 6b EStG, R 6.6 EStR	187			120	
84	Übertragung von stillen Reserven nach § 6c i. V. m. § 6b EStG, R 6.6 EStR	170				
85	Ausgleichsposten nach § 4g EStG	191			125	
86	Gesamtsumme	190			124	

(Übertrag in Zeile 50) | (Übertrag in Zeile 19)

3. Zusätzliche Angaben bei Einzelunternehmen

99 | 29

Entnahmen und Einlagen i. S. d. § 4 Abs. 4a EStG

EUR | Ct

			EUR	Ct
87	Entnahmen einschl. Sach-, Leistungs- und Nutzungsentnahmen	122		
88	Einlagen einschl. Sach-, Leistungs- und Nutzungseinlagen	123		

2013AnlEÜR803 | 2013AnlEÜR803

Wie Sie die Einnahmen korrekt ermitteln

Egal ob Sie auf Rechnung für andere Unternehmen arbeiten, mit einem Onlineshop Waren an Privatpersonen verkaufen oder mit einem Marktstand hauptsächlich Bargeldumsätze erzielen: Sie müssen gegenüber dem Finanzamt glaubhaft und nachvollziehbar darlegen, wie Ihre Einnahmen zustande gekommen sind.

Rechnungsausstellung

Am einfachsten funktioniert die Ermittlung der Einnahmen für diejenigen, die ihre Leistung auf Rechnung anbieten, nach deren Ausstellung der Kunde das Geld überweist. Je nachdem, ob Sie umsatzsteuerpflichtig sind oder nicht, weisen Sie in der Rechnung die entsprechende Umsatzsteuer aus.

Während es bei den Rechnungen an Privatpersonen keine besonderen Formvorschriften gibt, legt das Finanzamt strenge Maßstäbe an, wenn Sie Rechnungen mit Umsatzsteuer an Unternehmen schicken, die die enthaltene Umsatzsteuer als Vorsteuer geltend machen. Der Vorsteuerabzug wird nur anerkannt, wenn die Rechnung die folgenden Bestandteile enthält:

- den Namen und die Adresse des Unternehmens, das die Rechnung ausstellt;
- den Namen und die Adresse des Empfängers der Leistung;
- das Datum, an dem die Lieferung oder Leistung erfolgte;
- die Menge und Bezeichnung der gelieferten Produkte, bei Dienstleistungen die Art und den Umfang der Dienstleistung;
- die Nettobeträge ohne Umsatzsteuer;

- die auf die Nettobeträge anfallenden Umsatzsteuersätze und -beträge;
- das Datum der Rechnungsausstellung;
- die Rechnungsnummer, die einmalig für jede einzelne Rechnung vergeben werden muss;
- entweder die Steuernummer oder die Umsatzsteuer-ID des Ausstellers der Rechnung.

! Wichtig

Wenn Sie als umsatzsteuerbefreiter Kleinunternehmer Ihre Rechnungen ohne Umsatzsteuer ausstellen, sollten Sie auf der Rechnung den folgenden Hinweis anbringen: „Gemäß § 19 UStG sind meine Leistungen als Kleinunternehmer von der Umsatzsteuer befreit."

Leidtragender nicht korrekt ausgestellter Rechnungen ist stets der Kunde, dem bei einer Betriebsprüfung der Vorsteuerabzug für die fehlerhaften Rechnungen aberkannt werden kann. Zwar ist es möglich, die Rechnungen zu korrigieren und neu auszustellen, aber das ist für alle Beteiligten mit Aufwand verbunden. Eine ordentlich ausgestellte Rechnung ist somit auch ein wichtiger Bestandteil der Kundenzufriedenheit.

Bei sogenannten Kleinbetragsrechnungen bis zu einem Gesamtbetrag von 150 Euro gibt es übrigens eine Sonderregelung zur Vereinfachung. Hier genügt es, wenn anstatt der getrennten Ausweisung von Nettobetrag und Umsatzsteuer der Satz zu finden ist: „Der Gesamtbetrag enthält 19 % (bei umsatzsteuerbegünstigten Waren 7 %) Umsatzsteuer." Die fortlaufende Rechnungsnummer sowie die Umsatzsteuer-ID bzw. die Steuernummer des Ausstellers können ebenfalls entfallen.

Verkauf an Privatpersonen über Onlineshops oder Auktionsplattformen

Grundsätzlich empfiehlt es sich, auch bei Onlineverkäufen an Privatpersonen ordnungsgemäße Rechnungen auszustellen. Auf diese Weise kommen Sie nicht in Verlegenheit, wenn einmal ein gewerblicher Kunde bei Ihnen bestellt.

Solange Sie Kleinunternehmer sind und keine Umsatzsteuer abführen müssen, genügt es, wenn Sie dem Finanzamt Ihre Einnahmen darlegen können. Dies geschieht am einfachsten über die Kontoauszüge, anhand derer das Finanzamt im Bedarfsfall nachprüfen kann, welche Beträge Ihrem Konto gutgeschrieben worden sind. Um für eine eventuelle spätere Betriebsprüfung den Überblick zu behalten, sollten Sie die privaten und betrieblichen Einnahmen und Ausgaben gleich entsprechend auf dem Kontoauszug kennzeichnen.

Einnahmen aus Barverkäufen

Wenn Sie – was oftmals bei Kunsthandwerkern der Fall ist – Ihre Produkte überwiegend auf Märkten verkaufen, werden Sie sicherlich nicht jedem Kunden eine offizielle Rechnung ausstellen. Häufig wird nicht einmal eine handschriftliche Quittung ausgestellt, sondern Ware und Geld wandern ohne Beleg über den Ladentisch.

In solchen Fällen ist die Führung eines Kassenbuchs unerlässlich. Mindestens sollten Sie den Tagesumsatz festhalten. Besser aber ist es, beim Verkauf Strichlisten für die einzelnen Produkte zu führen und am Ende des Tages den Umsatz den jeweiligen Produkten zuzuordnen.

Steuerfreie Einnahmen für Künstler und Übungsleiter

Natürlich werden Sie in diesem Buch keine Tipps finden, wie Sie Geld illegal am Finanzamt vorbeischleusen. Aber ein wichtiger Hinweis, wie Sie ganz legal bis zu 2.100 Euro pro Jahr steuerfrei verdienen können, soll Ihnen nicht vorenthalten bleiben. Basis dieses Steuersparmodells ist die sogenannte Übungsleiterpauschale, mit der Vater Staat die Mitarbeit von Bürgerinnen und Bürgern in gemeinnützigen Einrichtungen fördert.

Von dieser Regelung, die in Paragraf 3, Nummer 26, des Einkommensteuergesetzes festgehalten ist, profitieren Übungsleiter, Ausbilder, Erzieher, Betreuer oder Ähnliche. Dazu gehören in erster Linie

- Trainer in Sportvereinen,
- nebenberufliche Dozenten an Volkshochschulen, Fachhochschulen und Universitäten,
- künstlerisch Tätige, wie beispielsweise nebenberufliche Kirchenmusiker,
- nebenberuflich selbstständige Pfleger von alten, kranken oder behinderten Menschen.

Voraussetzung ist, dass der Auftraggeber entweder eine Körperschaft des öffentlichen Rechts oder eine gemeinnützige Organisation ist. Sie können zumeist davon ausgehen, dass eine Organisation als gemeinnützig anerkannt ist, wenn sie steuerlich abzugsfähige Spendenquittungen ausstellen darf.

Allerdings gibt es auch einen kleinen Wermutstropfen: Wenn Sie die Übungsleiterpauschale in Anspruch nehmen, dürfen Sie bis zu einer Höhe von 2.100 Euro die damit verbundenen Aufwendungen nicht als steuerlichen Aufwand geltend machen.

Tipp: Übungsleiterpauschale lohnt sich auch bei Nebenverdienst

Die Übungsleiterpauschale ist ein Freibetrag, der auch beim Überschreiten steuermindernd eingesetzt werden kann. Wenn Sie beispielsweise von der Volkshochschule pro Jahr 3.000 Euro Honorar als nebenberuflicher Dozent erhalten, zählen davon nur 900 Euro als steuerpflichtiges Einkommen.

Eigenverbrauch und Veräußerungserlöse

Umsatz entsteht nicht nur dann, wenn andere bei Ihnen kaufen. Auch der Eigenverbrauch von Waren und Leistungen durch den Inhaber ist vor dem Finanzamt nichts anderes als eine betriebliche Einnahme. Das ist nicht nur der Fall, wenn Sie Waren aus dem eigenen Lager nehmen, was dann faktisch ein Verkauf durch das Unternehmen an die Privatperson des Inhabers ist.

Häufige Fundorte des Eigenverbrauchs sind Internet und Telekommunikation – nämlich dann, wenn Ihnen das Finanzamt unterstellt, dass Sie etwa Ihr betriebliches Handy teilweise auch für Privatgespräche nutzen. In aller Regel wird zwischen Finanzamt und Steuerpflichtigem eine pauschale Quote ausgemacht, die als Eigenverbrauch in der Einnahmenüberschussrechnung verbucht wird.

 Beispiel

Die jährlichen Gebühren für Ihr betriebliches Handy betragen 180 Euro, wovon 20 Prozent als Eigenverbrauch gelten. Dann weisen Sie pro Jahr 36 Euro als fiktiven Umsatz in Form von Eigenverbrauch aus. Wenn Sie umsatzsteuerpflichtig sind, bezieht sich die Quote auf die Nettokosten, und im Gegenzug müssen Sie für den Eigenverbrauch Umsatzsteuer abführen.

Ein weiterer Bestandteil der Einnahmen sind Umsätze, die aus dem Verkauf von Anlagegütern entstehen. Ein typischer

Fall hierfür wäre der Verkauf des gebrauchten Notebooks, das Sie einst für Ihren Betrieb erworben haben. Der Verkaufserlös wird als Umsatz verbucht, während Sie die Ausbuchung des Geräts aus dem Anlagenverzeichnis auf der Aufwandsseite geltend machen.

Betriebsausgaben

Wenn es darum geht, welche Kosten vom Finanzamt als Betriebsausgaben anerkannt werden, ist der gesunde Menschenverstand meist die beste Entscheidungshilfe. Aufwendungen, die nachweislich für das Erzielen Ihrer Umsätze erforderlich sind, werden normalerweise problemlos anerkannt. Ärger gibt es meistens dann, wenn die Ausgaben nicht eindeutig dem betrieblichen oder privaten Umfeld zugeordnet werden können. So sind die Abogebühren für die Fachzeitschrift für Holzbearbeitung für den Schreiner eine klare betriebliche Aufwendung, während der freie Journalist meist erfolglos argumentieren wird, die Lektüre von Spiegel und Frankfurter Allgemeine Zeitung diene seiner journalistischen Allgemeinbildung und sei damit betrieblich bedingt.

Hier nun eine Übersicht über typische Betriebsausgaben – natürlich ohne Anspruch auf Vollständigkeit, denn die individuellen Aufwendungen sind so vielfältig wie die Bandbreite der Geschäftsideen. Die Auflistung orientiert sich an der Gliederung des amtlichen EÜR-Formulars.

■ **Wareneinkauf sowie Roh- und Hilfsstoffe:** Dazu zählen nicht nur der gesamte Wareneinkauf beim Händler, sondern beispielsweise auch der Einkauf von Ton und Glasur beim Töpfer, das Verpackungsmaterial für den Onlineshop-Betreiber oder das Maschinenöl, das der Drechsler für seine Drechselmaschine benötigt.

- **Fremdleistungen:** Um Fremdleistung handelt es sich beispielsweise, wenn ein selbstständiger Werbeberater einen Grafiker mit der Gestaltung einer Broschüre beauftragt oder wenn ein Metallkunsthandwerker seine Werke außer Haus lackieren lässt.

- **Aufwendungen für Telekommunikation:** Hierunter fallen Festnetztelefon, Internetanschluss, Handy. Bei nebenberuflicher Selbstständigkeit müssen Sie sich in aller Regel mit dem Finanzamt auf eine praktikable Aufteilung zwischen betrieblichen und privaten Kostenanteilen einigen.

- **Fortbildungskosten:** Anerkannt werden Kosten, die im direkten Zusammenhang mit Ihrem Betrieb entstehen. Je fachspezifischer die Fortbildung, desto größer ist die Chance, dass die Rechnung reibungslos den Schreibtisch des Sachbearbeiters im Finanzamt passiert.

- **Rechts- und Steuerberatung sowie Buchführung:** Die beiden letztgenannten Posten brauchen nicht eigens erläutert werden. Bei Rechtskosten werden nur Gebühren für Streitigkeiten aus dem betrieblichen Bereich anerkannt.

- **Schuldzinsen:** Hier müssen die Zinsaufwendungen klar dem betrieblichen Zweck zugeordnet werden können.

Dann gibt es natürlich noch jede Menge kleinerer Posten, die unter dem Sammelbegriff „Übrige unbeschränkt abziehbare Betriebsausgaben" zusammengefasst werden können. Dazu ein paar repräsentative Beispiele:

- Büromaterial wie Papier, Toner/Druckertinte oder Schreibwaren,
- Portokosten,
- Kosten für Eigenwerbung wie Zeitungsanzeigen, Gebühren für die Listung in Onlinebranchenportalen oder Kosten für den Druck von Flyern und Visitenkarten,

■ Kontoführungsgebühren,
■ Gebühren für Mitgliedschaften in Fach- und Branchenverbänden.

So funktioniert die AfA

An einigen Stellen in diesem Buch war bereits von der Abschreibung die Rede. Die AfA – landläufig auch als „Abschreibung" bezeichnet – ist das Kürzel für „Absetzung für Abnutzung". Dahinter verbirgt sich das Prozedere, mit dem der Wertverlust eines langlebigen betrieblichen Investitionsgutes über die Jahre hinweg als Aufwand verteilt wird.

Als Basiswert dient der Anschaffungspreis – bei umsatzsteuerpflichtigen Unternehmen ohne die Umsatzsteuer, bei nicht umsatzsteuerpflichtigen Unternehmen inklusive Umsatzsteuer. Jeweils zum Jahresende darf ein bestimmter Teil des Anschaffungspreises als AfA steuermindernd geltend gemacht werden. Wie hoch der Anteil ist und wie lange die Abschreibung dauert, errechnet sich aus der Nutzungsdauer, die der Fiskus in Form der AfA-Tabellen vorgibt. Die Nutzungsdauer kann je nach Wirtschaftsgut ganz unterschiedlich sein, wie die folgende Tabelle zeigt.

Wirtschaftsgut	Nutzungsdauer
Drehbank	16 Jahre
Schweiß- und Lötgeräte	13 Jahre
Büromöbel	13 Jahre
Mobile Klimageräte	11 Jahre
Kühlschränke	10 Jahre
Verkaufsbuden und -stände	8 Jahre
Monitore	7 Jahre
Digitalkameras	7 Jahre
Faxgeräte	6 Jahre
Handys und Smartphones	5 Jahre
PCs und Notebooks	3 Jahre

Wenn Sie ein Notebook für 450 Euro erworben haben, können Sie somit drei Jahre lang jeweils 150 Euro als AfA auf der
Aufwandsseite geltend machen.

 Tipp: Tabellen im Internet

Die vollständigen AfA-Tabellen finden Sie im Internet auf
der Website des Bundesministeriums für Finanzen unter
www.bundesfinanzministerium.de.

Die Abschreibung nach der vom Fiskus vorgegebenen Nutzungsdauer gilt zwingend für alle Wirtschaftsgüter ab einem
Anschaffungspreis von 1.000 Euro (exklusive Umsatzsteuer).
Eine Sonderregelung gibt es hingegen für sogenannte ge-
ringwertige Wirtschaftsgüter (GWG).

Bei einem Anschaffungspreis zwischen 410 und 1.000 Euro
können Sie wählen, ob Sie die reguläre Abschreibung einsetzen oder einen sogenannten Abschreibungspool bilden.
Im letztgenannten Fall kommen die Güter in einen Topf und
dessen Gesamtvolumen wird Jahr für Jahr um ein Fünftel abgeschrieben – unabhängig davon, wie lang die tatsächliche
Nutzungsdauer ist. Lohnenswert ist diese Variante folglich
beim Kauf besonders langlebiger Einrichtungen, wohlge-
merkt bei einem Nettopreis von weniger als 1.000 Euro.

Zwischen einem Nettoanschaffungspreis von 150 und 410
Euro haben Sie zusätzlich die Option, den kompletten An-
schaffungspreis sofort im Jahr des Erwerbs abzuschreiben.
Das sollten Sie auch tun, denn das bringt Ihnen bei der
Steuerzahlung den größten zeitlichen Vorteil, weil sich Ihr
Einkommen gleich im Anschaffungsjahr entsprechend redu-
ziert. Anschaffungen unter 150 Euro werden generell sofort
abgeschrieben.

Häufiger Streitpunkt: das häusliche Arbeitszimmer und Betriebsräume

Wer selbstständig arbeitet, braucht dafür auch genügend Raum – und der Aufwand dafür lässt sich steuermindernd geltend machen. Das gilt grundsätzlich auch für diejenigen, die nur nebenberuflich als Unternehmer tätig sind. Zu unterscheiden ist dabei, ob es sich um externe angemietete Räumlichkeiten oder um ein Arbeitszimmer in der eigenen Wohnung handelt.

Wenn Sie Ihre Arbeitsräume außerhalb Ihrer Wohnung angemietet haben, ist die steuerliche Berechnungsweise ziemlich einfach: Alle Kosten, die Ihnen Ihr Vermieter in Rechnung stellt, können Sie als betrieblichen Aufwand von der Steuer absetzen. Das ist etwa dann die übliche Vorgehensweise, wenn Sie für Ihre selbstständige Tätigkeit eine kleine Werkstatt, einen Lagerraum oder ein kleines Büro in einer Bürogemeinschaft gemietet haben.

! Vorsicht

Achten Sie darauf, dass die gemieteten Räume auch wirklich ausschließlich betrieblich genutzt werden. Unangenehm kann es für Sie werden, wenn der Steuerprüfer kommt und feststellt, dass ein Teil der Räume als private Aufenthalts- oder Abstellräume genutzt wird. In diesem Fall wird Ihnen das Finanzamt den steuerlichen Aufwand entsprechend kürzen.

Damit ein Arbeitszimmer innerhalb der eigenen Wohnung vom Finanzamt anerkannt wird, müssen Sie glaubhaft machen können, dass dieser Raum den Mittelpunkt Ihrer beruflichen Tätigkeit darstellt und für die Ausübung Ihrer Selbstständigkeit erforderlich ist. Ausschlaggebend ist, dass Ihnen für Ihre Arbeit kein anderer Raum – beispielsweise bei Ihrem Auftraggeber – zur Verfügung steht. Außerdem gibt es noch zwei wichtige Kriterien:

■ Das Arbeitszimmer dient nicht nebenbei noch als Gäste-
zimmer, Spielzimmer für die Kinder, Hausarbeitsraum
oder für andere private Zwecke.

■ Der Raum ist kein Durchgangszimmer, keine Nische und
keine Galerie.

Sind diese Voraussetzungen erfüllt, können Sie die antei-
ligen Raumkosten – zum Beispiel Heizkosten und Stromge-
bühren – für das Arbeitszimmer steuerlich absetzen. Maßstab ist dabei das Verhältnis der Fläche des Arbeitszimmers
zur gesamten Wohnfläche. Nebenberuflich Selbstständige
können in der Regel Raumkosten bis zu einer Summe von
1.250 Euro pro Jahr von der Steuer absetzen.

Reisekosten richtig geltend machen

Wenn Sie beruflich unterwegs sind und die Reisekosten
selbst tragen müssen, können Sie den Aufwand steuermindernd absetzen – das gilt unabhängig davon, ob Sie
haupt- oder nebenberuflich selbstständig sind. Ob Fahrten
zu Kunden, Fachmessen, Märkten oder Fortbildungsveran-
staltungen: Jede Reise, die in direktem Zusammenhang
mit Ihren unternehmerischen Aktivitäten steht, wirkt sich
steuermindernd aus.

Am einfachsten ist es, wenn Sie mit öffentlichen Verkehrs-
mitteln wie Bahn, Flugzeug oder Taxi unterwegs sind. Hier
können Sie anhand der Belege Ihre Kosten ermitteln und
müssen nur noch die Vorsteuer herausrechnen, sofern Sie
umsatzsteuerpflichtig sind. Dabei sollten Sie beachten,
dass auf Fernreisen der Bahn 19 Prozent Umsatzsteuer, auf
die Taxirechnung hingegen nur 7 Prozent Umsatzsteuer auf-
geschlagen werden.

Sind Sie mit Ihrem Privatauto unterwegs, dann dürfen Sie für betriebliche Fahrten 30 Cent pro gefahrenen Kilometer geltend machen. Hierfür müssen Sie kein Fahrtenbuch führen, in dem Sie jede private und betriebliche Fahrt akribisch trennen. Es genügt, die betrieblichen Fahrten mit Datum, Fahrtziel und gefahrenen Kilometern aufzulisten.

In diesem Zusammenhang sollten Sie sich von der Vorstellung verabschieden, dass sich mit einem Firmenwagen ordentlich Steuern sparen lassen. Denn das ist in vielen Fällen ein Trugschluss – zumindest dann, wenn das Fahrzeug nicht überwiegend betrieblich genutzt wird.

Die in früheren Jahren übliche 1-Prozent-Regelung, bei der alle Reparatur-, Benzin- und Versicherungskosten sowie die Kfz-Steuer als Betriebsausgabe abgesetzt werden konnten und dafür jeden Monat 1 Prozent des einstigen Neupreises als privater Eigenverbrauch versteuert wurde, greift nur noch in Ausnahmefällen: Sie müssen dem Finanzamt nachweisen, dass Sie Ihr Auto zu mehr als 50 Prozent betrieblich nutzen.

Unter Umständen ist bereits für diesen Nachweis schon ein Fahrtenbuch erforderlich, es sei denn, die überwiegend betriebliche Nutzung ist schon anhand exemplarischer Fahrtstrecken nachweisbar. Wenn Sie Ihr Auto zu weniger als 50 Prozent betrieblich nutzen, müssen Sie auf jeden Fall ein Fahrtenbuch führen und ausrechnen, wie hoch der private Anteil an den gefahrenen Kilometern ist. Dann müssen Sie sämtliche abgesetzten Kfz-Aufwendungen addieren, mit dem privaten Fahrtenanteil multiplizieren und den daraus resultierenden Betrag als privaten Eigenverbrauch versteuern. Wenn der private Anteil höher als 90 Prozent ist, erkennt Ihnen das Finanzamt das Auto als Teil des Betriebsvermögens nicht mehr an. In diesem Fall müssen Sie Ihr Fahrzeug ausbuchen und in das private Vermögen übernehmen.

[ ] Tipp: Pauschale spart Zeit

Wenn die Selbstständigkeit nicht die Haupteinnahmequelle ist, dann wird das Auto meist auch nur gelegentlich für betriebliche Zwecke genutzt. Selbst wenn die finanziellen Vorteile bei der pauschalen Kilometerabrechnung mit 30 Cent pro Kilometer geringer sein sollten als die Übernahme des Fahrzeugs ins Betriebsvermögen, spricht für die Pauschalvariante dennoch die weitaus einfachere und zeitsparende Abrechnungsweise.

Wenn Sie längere Zeit beruflich unterwegs sind, können Sie als kleinen Ausgleich dafür, dass Sie Restaurant- oder Imbissrechnungen nicht steuerlich geltend machen können, den sogenannten Verpflegungsmehraufwand als Pauschale ansetzen. Das funktioniert allerdings erst bei mindestens 8 Stunden Abwesenheit mit folgenden Sätzen:

- Abwesenheit 8 bis 24 Stunden ohne Übernachtung: 12 Euro
- Abwesenheit über 24 Stunden pro Kalendertag: 12 Euro

Abgabe- und Zahlungsfristen

Die Zahlungsfristen bei der Umsatzsteuervoranmeldung wurden bereits erläutert: Bis zum 10. Tag des Folgemonats nach dem Voranmeldungszeitraum haben Sie Zeit, um die Zahlung zu leisten. Beim Beantragen einer Dauerfristverlängerung haben Sie jeweils einen Monat mehr Spielraum.

Eine besondere Regelung gilt bei der Zahlung der Umsatzsteuer, nachdem Sie zusammen mit der Steuererklärung auch die Umsatzsteuererklärung abgegeben haben. Wenn sich hieraus noch eine Zahlungsschuld ergibt, müssen Sie diese ohne weitere Aufforderung einen Monat nach Eingang der Erklärung beim Finanzamt überweisen. Einen eigenstän-

digen Umsatzsteuerbescheid erhalten Sie nur, wenn das
Finanzamt nach Prüfung Ihrer Erklärung zu einem anderen
Zahlungsbetrag kommt.

[ ] Tipp: Dem Finanzamt eine Lastschriftermächtigung erteilen

Dass vom Finanzamt bei der Umsatzsteuererklärung kein
Bescheid kommt, führt häufig dazu, dass das Überweisen der
Restschuld vergessen wird und das Finanzamt dann einen
Säumniszuschlag erhebt. Das können Sie vermeiden, indem Sie
dem Finanzamt für die Umsatzsteuerzahlung eine Lastschriftermächtigung (auch Einzugsermächtigung genannt) erteilen. Für
Sie als Steuerzahler ist damit kein Risiko verbunden: Bei Fehlern
können Sie Lastschriften bis zu sechs Wochen nach der Buchung
zurückholen.

Die Steuererklärung inklusive Umsatzsteuererklärung ist
regulär bis Ende Mai des auf das Geschäftsjahr folgenden
Jahrs abzugeben. Wenn Sie diesen Termin nicht einhalten
können, dann können Sie schriftlich beim Finanzamt eine
Fristverlängerung beantragen.

Wenn Ihre Einkommensteuernachzahlung für das Geschäftsjahr mehr als 400 Euro beträgt, müssen Sie damit rechnen,
dass das Finanzamt künftig Vorauszahlungen verlangt.
Diese werden quartalsweise jeweils am 10. März, Juni, Sep-
tember und Dezember fällig. Die Höhe der Vorauszahlungen
richtet sich nach dem letzten Steuerbescheid. Wenn sich
eine ungünstige Geschäftsentwicklung abzeichnet, können
Sie beim Finanzamt eine Reduzierung der Vorauszahlungen
beantragen.

Vorsicht, Falle! Welche Angebote Sie meiden sollten

Häufig suchen Unternehmen nicht nur fest angestellte Mitarbeiter, sondern auch freie Mitarbeiter, die bestimmte Aufgaben gegen Stundenhonorar oder Umsatzbeteiligung erledigen. Doch Achtung: Auch unseriöse Firmen gehen auf Mitarbeiterfang und am Ende stellt sich heraus, dass statt des erhofften Gewinns ein herber Verlust zu verbuchen ist oder dass sich der hoffnungsvolle Gründer gar in gesetzeswidrige Aktivitäten verstricken ließ.

Zum Abschluss dieses Buchs soll daher ein kritischer Blick auf risikoreiche Geschäftsangebote geworfen werden. Bei den im Folgenden erläuterten Geschäftsmodellen sollten Sie beachten: Es handelt sich nicht immer durchweg um unseriöse Angebote, sondern auch um Marktsegmente, in denen sich häufig fragwürdige Anbieter tummeln. Wenn Sie ein entsprechendes Angebot erhalten, sollten Sie daher die Konditionen vor allem auch im Hinblick auf mögliche Knackpunkte kritisch prüfen.

Verkaufspartys

Ob Dessous oder Duftkerzen, Küchenartikel oder Kosmetik: Viele Verbraucher werden regelmäßig von Bekannten eingeladen, um an Verkaufspartys teilzunehmen. Immer mehr Hersteller und Händler versuchen, ihre Waren über lockere Verkaufsveranstaltungen in heimeliger Wohnzimmeratmosphäre unters Volk zu bringen.

Der Vertrieb über Verkaufspartys ist für Unternehmen sehr kostengünstig, weil sie keine hohen Fixkosten für Werbekampagnen und Verkaufspersonal einkalkulieren müssen. Die Verkäuferinnen und Verkäufer arbeiten meist ausschließlich auf Provisionsbasis und als Werbemittel genügen Prospekte und Warenproben. Besonders angenehm für den Hersteller ist, dass der Interessent nicht wie im Kaufhaus oder Supermarkt einen direkten Vergleich mit Konkurrenzprodukten anstellen kann, sondern sich zunächst einmal auf die Aussagen der Verkäufer verlassen muss.

Allerdings ist für die Partyveranstalter und Verkäufer der Erfolg längst nicht garantiert. Was als kurzweilige Warenvorführung bei einem Gläschen Sekt beginnt, kann hinterher im Ärger enden. Die Alarmglocken sollten immer dann läuten, wenn ein extrem hoher Preis verlangt wird. Ob die in Aussicht gestellten besonderen Eigenschaften den Preis auch

wirklich rechtfertigen, lässt sich nämlich auf solchen Ver-
anstaltungen kaum nachprüfen. Wenn dann hinterher ent-
täuschte Käufer die Geschäfte wieder rückgängig machen
wollen, haben Sie nicht nur Umsatzausfälle, sondern möglicherweise auch den Verlust von Freunden hinzunehmen.

> **! Vorsicht**
>
> Besondere Vorsicht ist geboten, wenn auf Verkaufspartys Nah-
> rungsergänzungsmittel offeriert werden sollen. Die Bandbreite
> reicht von Vitaminpräparaten über Schlankheitspillen bis hin
> zu angeblichen Wundermitteln, bei denen niemand so richtig
> weiß, wie sie sich zusammensetzen.

Als Wundermittel angepriesene Präparate zur angeblichen
Linderung von Krankheiten boomen – hier haben Scharla-
tane leichtes Spiel, weil Verbraucher oft dann zu solchen
Mitteln greifen, wenn die Schulmedizin bei ihren Leiden keine Linderung bringt. Wenn Sie sich als Verkäufer auf solche
Produkte einlassen, kann dies unter Umständen auch unangenehme rechtliche Risiken und Nebenwirkungen mit sich
bringen. Wird ein Mittel als unfehlbare Therapie gegen ein
bestimmtes Leiden angepriesen, verstößt der Verkäufer mit
seinem Heilungsversprechen gegen das Heilpraktikergesetz.
Und: Auf die Schnelle lässt sich kaum prüfen, ob es sich um
eine harmlose Nahrungsergänzung oder um ein Arzneimittel
mit möglicherweise bedenklichen Nebenwirkungen handelt.
Ist das Produkt als Arzneimittel einzustufen, ist der Vertrieb
außerhalb von Apotheken absolut illegal.

Strukturvertriebe

Ähnlich wie die Veranstalter von Verkaufspartys, setzen
auch Strukturvertriebe auf den Verkauf im privaten Umfeld.
Dieses System, das auch als „Network-Marketing" oder
„Multi-Level-Marketing" bezeichnet wird, gliedert sich in

mehrere Vertriebshierarchien. Jeder Verkäufer kann nicht nur Kunden gewinnen, sondern auch weitere „Unterverkäufer" beschäftigen. Das geschieht natürlich nicht im Angestelltenverhältnis, sondern mit freien Mitarbeitern auf Provisionsbasis.

Das Prinzip des Strukturvertriebs besteht darin, dass jeder Verkäufer an den Umsätzen der unter ihm angesiedelten Hierarchien mitverdient. Wenn ein Mitarbeiter des Strukturvertriebs ein Produkt verkauft, ist es nicht ungewöhnlich, dass sein übergeordneter Verkaufsleiter, dessen übergeordneter Oberverkaufsleiter, dessen Regionalmanager und dann noch der überregionale Repräsentant einen Teil der Provision für sich abzwacken dürfen.

Mit diesem System sollen die Mitarbeiter motiviert werden, neben neuen Kunden auch möglichst viele Vertriebsmitarbeiter zu akquirieren. Gelockt werden die Mitarbeiter häufig mit dem Versprechen, dass sie nach dem Aufbau einer eigenen Verkäuferpyramide ihr Geld praktisch im Schlaf verdienen.

Doch der Traum vom schnell und mühelos verdienten Geld bleibt nur allzu oft ein Hirngespinst. Während die obersten ein bis zwei Vertriebsebenen kräftig absahnen, laufen sich in den unteren Hierarchieebenen die Vertreter die Hacken wund, um halbwegs rentable Umsätze machen zu können.

Dazu kommt: Häufig werden in Strukturvertrieben Produkte und Dienstleistungen gehandelt, die alles andere als seriös sind. Fragwürdige Nahrungsergänzungsmittel, überteuerte Kosmetikartikel und hoch riskante Finanzprodukte sind dort immer wieder vorzufinden. Nicht selten zählen die arglosen Verkäufer zu den Ersten, die sich voller Euphorie mit den angeblichen Top-Produkten eindecken und erst hinterher merken, dass sie einem unseriösen Geschäft aufgesessen sind – und Verlust gemacht haben.

Tipp: Strukturvertriebe meiden

Das Risiko, einem unseriösen Anbieter auf den Leim zu gehen, ist bei Strukturvertrieben außerordentlich hoch. Daher sollten Sie lieber auf Nummer sicher gehen und bei einschlägigen Angeboten dankend ablehnen.

Heimarbeit

In Tageszeitungen und Anzeigenblättern sind immer wieder ähnlich gestrickte Annoncen zu finden: „Leichte Heimarbeit bis 1.000 Euro Monatsverdienst" oder „Geld verdienen am PC zu Hause" – mit solchen Werbesprüchen werden Menschen auf der Suche nach einem Nebenjob in die Heimarbeit gelockt. Mal geht es um kleine Montagearbeiten, mal um Produkttests oder um die Durchführung von einfachem Kundenservice am Telefon und per Internet.

Doch häufig müssen die Heimarbeiter in spe erst mal selbst in die Tasche greifen, indem sie eine teure 0900-Telefonnummer anrufen oder für ein paar Hundert Euro ein „Infopaket" anfordern sollen. Ist das Geld erst weg, wird schnell klar, dass das vermeintliche Jobangebot lediglich eine Finte war: Unseriösen Anbietern geht es nur darum, möglichst viel Umsatz mit Anrufern oder den Bestellern der nutzlosen „Infopakete" zu machen. Konkrete Aufträge – Fehlanzeige.

Call-Center-Agent

Call-Center haben einen höchst unterschiedlichen Ruf. Da gibt es die professionell arbeitenden Telefondienstleister, die mit gut ausgebildeten Fachkräften den Kundenservice von Herstellern und Händlern entlasten. Es gibt aber auch die telefonisch operierenden Drückerkolonnen, die auf Provisionsbasis ihre Opfer so lange beschwatzen, bis der Vertrag abgeschlossen ist. Dass dabei eher selten Produkte und Dienstleistungen mit einem guten Preis-Leistungs-Verhältnis verkauft werden, liegt auf der Hand.

[ ] Tipp: Genau hinschauen

Prüfen Sie kritisch, was der Anbieter mit Ihnen vorhat, wenn Sie für ihn als freier Mitarbeiter von zu Hause aus telefonische Dienstleistungen erbringen sollen. Vorsicht ist geboten, wenn es um den Verkauf am Telefon geht – egal ob es sich um den Verkauf an Unternehmen oder an Privatpersonen handelt. Auch das Vereinbaren von Terminen für Verkäufer, das zuweilen unter dem Deckmantel angeblicher Meinungsumfragen durchgeführt werden soll, zählt zu den Arbeiten im Call-Center, deren Seriosität mit einem großen Fragezeichen versehen werden sollte.

Finanzagent

Die zunehmende Verbreitung des Internets hat dazu geführt, dass Finanzbetrüger vermehrt per E-Mail auf Opfersuche gehen. Besonders beliebt ist dabei die Finanzagentenmasche: Wer sich auf die Angebote einlässt, bekommt auf sein Girokonto einen Betrag von meist mehreren Tausend Euro überwiesen. Das Geld soll dann über einen Bargeldtransferdienstleister wie Western Union an einen anonymen Empfänger telegrafiert werden, der meist in einschlägig bekannten Ländern wie den ehemaligen Sowjetrepubliken ansässig ist. Als Lohn für die Dienste werden Provisionen von 5 bis 10 Prozent in Aussicht gestellt und auch bezahlt.

Auf diese Masche sollten Sie jedoch nicht hereinfallen, auch wenn es zunächst nicht den Anschein hat, dass man mit solchen Geschäften Geld verlieren könnte. Allerdings handelt es sich bei den Geldtransfers nicht um redlich erworbene Beträge, sondern meist um Diebesbeute aus Onlinebetrügereien, die mithilfe argloser Schnäppchenjäger ins Ausland geschafft werden soll. Damit machen sich die Transferhelfer der Beihilfe zur Geldwäsche schuldig und können sich im Fall einer Anklage durch den Staatsanwalt nicht mit Unwissenheit herausreden.

Das bestätigt ein Urteil eines Berliner Amtsgerichts. Dort wurde ein Finanzagent zu sechs Monaten Haft auf Bewährung verurteilt, weil er 7.000 Euro in die Ukraine transferiert und dabei 490 Euro Provision eingestrichen hatte. Das Geld stammte aus der Beute einer Onlinebanking-Betrugsaktion. Angesichts der ungewöhnlichen Konstellation hätte der Beklagte erkennen müssen, dass es sich um krumme Geschäfte handle, so die Richter in ihrer Urteilsbegründung.

Fazit

Genauso wie bei der „richtigen" Selbstständigkeit gilt auch bei der nebenberuflichen Existenzgründung die Devise, dass Sie Ihr Glück am besten mit einer eigenen Idee versuchen und nicht warten sollten, bis Ihnen jemand die vermeintliche Chance Ihres Lebens anbietet.

Gerade die unseriösen Geschäftspartner sind meist diejenigen, die Ihre Zukunft besonders rosig malen und Ihnen schnelle und hohe Gewinne in Aussicht stellen – natürlich nur dann, wenn Sie gleich Ihre Unterschrift unter den Vertrag setzen. Aber lassen Sie sich von der Hoffnung aufs schnelle Geld nicht blenden: Auch beim nebenberuflich praktizierten Geschäftsmodell braucht es eine gewisse Zeit, bis ein Stammkundenkreis aufgebaut ist und nach der Startphase auch Gewinne erwartet werden können. Umso mehr Spaß macht es dann, wenn sich die Idee etabliert hat und ohne fremde Hilfe der Traum vom zweiten Standbein zur Realität geworden ist.

Anhang

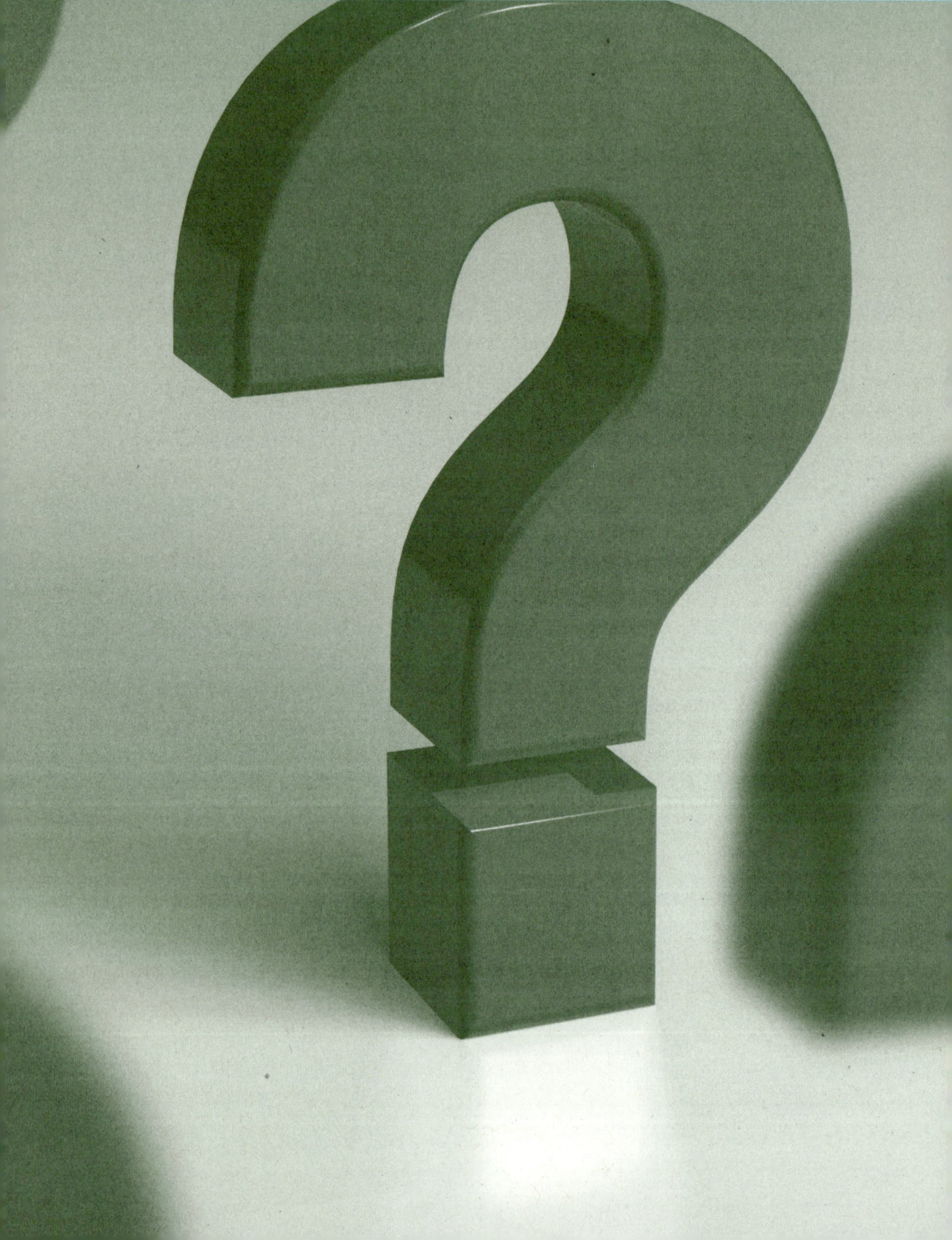

Adressen der Verbraucherzentrale

Verbraucherzentrale Baden-Württemberg e. V.
Paulinenstraße 47, 70178 Stuttgart
Telefon 0 18 05/50 59 99*, Fax 07 11/66 91-50
www.verbraucherzentrale-bawue.de

Verbraucherzentrale Bayern e. V.
Mozartstraße 9, 80336 München
Telefon 0 89/5 39 87-0, Telefax 0 89/53 75 53
www.verbraucherzentrale-bayern.de

Verbraucherzentrale Berlin e. V.
Hardenbergplatz 2, 10623 Berlin
Telefon 0 30/2 14 85-0, Fax 0 30/2 11 72 01
www.verbraucherzentrale-berlin.de

Verbraucherzentrale Brandenburg e. V.
Templiner Straße 21, 14473 Potsdam
Telefon 03 31/2 98 71-0, Fax 03 31/2 98 71-77
www.vzb.de

Verbraucherzentrale des Landes Bremen e. V.
Altenweg 4, 28195 Bremen
Telefon 04 21/1 60 77-7, Fax 04 21/1 60 77-80
www.verbraucherzentrale-bremen.de

Verbraucherzentrale Hamburg e. V.
Kirchenallee 22, 20099 Hamburg
Telefon 0 40/2 48 32-0, Fax 0 40/2 48 32-2 90
www.vzhh.de

Verbraucherzentrale Hessen e. V.
Große Friedberger Straße 13–17,
60313 Frankfurt am Main
Telefon 01805/97 20 10*, Fax 0 69/97 20 10-50
www.verbraucher.de

**Verbraucherzentrale Mecklenburg-
Vorpommern e. V.**
Strandstraße 98, 18055 Rostock
Telefon 03 81/2 08 70 50, Fax 03 81/2 08 70 30
www.nvzmv.de

Verbraucherzentrale Niedersachsen e. V.
Herrenstraße 14, 30159 Hannover
Telefon 05 11/9 11 96-0, Fax 05 11/9 11 96-10
www.vzniedersachsen.de

Verbraucherzentrale Nordrhein-Westfalen e. V.
Mintropstraße 27, 40215 Düsseldorf
Telefon 02 11/38 09-0, Fax 02 11/38 09-1 72
www.vz-nrw.de

Verbraucherzentrale Rheinland-Pfalz e. V.
Seppel-Glückert-Passage. 10, 55116 Mainz
Telefon 0 61 31/28 48-0, Fax 0 61 31/28 48-66
www.vz-rlp.de

Verbraucherzentrale des Saarlandes e. V.
Trierer Straße 22, 66111 Saarbrücken
Telefon 06 81/5 00 89-0, Fax 06 81/5 00 89-22
www.vz-saar.de

Verbraucherzentrale Sachsen e. V.
Katharinenstraße 17, 04109 Leipzig
Telefon 03 41/69 62 90, Fax 03 41/6 89 28 26
www.vzs.de

Verbraucherzentrale Sachsen-Anhalt e. V.
Steinbockgasse 1, 06108 Halle
Telefon 03 45/2 98 03-29, Fax 03 45/2 98 03-26
www.vzsa.de

Verbraucherzentrale Schleswig-Holstein e. V.
Andreas-Gayk-Straße 15, 24103 Kiel
Telefon 04 31/5 90 99-10, Fax 04 31/5 90 99-77
www.vz-sh.de

Verbraucherzentrale Thüringen e. V.
Eugen-Richter-Straße 45, 99085 Erfurt
Telefon 03 61/5 55 14-0, Fax 03 61/5 55 14-40
www.vzth.de

Verbraucherzentrale Bundesverband e. V.
Markgrafenstraße 66, 10969 Berlin
Telefon 0 30/2 58 00-0, Fax 0 30/2 58 00-2 18
www.vzbv.de

* Festnetzpreis 0,14 €/Minute;
  Mobilfunkpreis maximal 0,42 €/Minute.

Stichwortverzeichnis

A

Abmahnung *siehe auch*
Internetauftritt und Online-
shop 75 ff.
– Anerkennung der A. 76
– Anfechtung der A. 76
Abschreibung *siehe* Abset-
zung für Abnutzung (AfA)
Abschreibung, kalkulato-
rische 44 ff.
Absetzung für Abnutzung
(AfA) *siehe auch* Steuern
44 ff., 56, 142 f., 154 ff.
Aktiengesellschaft (AG) 139
Allgemeine Geschäftsbedin-
gungen (AGB) 66, 84 ff.
Allgemeine Ortskranken-
kasse (AOK) 22
Altersrente, gesetzliche 109,
113 f.
Altersvorsorge 34, 105 ff.
– A., betriebliche 111
– Riester-Rente 111
– Rürup-Rente 111 ff.
– Vermögensaufbau,
privater 114 f.
Arbeitgeber 27 ff., 38 ff.,
106, 108, 111
Arbeitnehmer 27 ff.
Arbeitsagentur 27 ff.
Arbeitslohn 44
Arbeitslosengeld I 31 ff., 39
Arbeitslosengeld II 31 ff.
Arbeitslosenversicherung 39
Arbeitslosigkeit 31 ff., 54
Arbeitszimmer, häusliches
156 f.
Auftragsrisiko 38 f.
Ausfallrisiko 61 ff.

B

Bankkredite *siehe* Kredit
Bargeldumsatz 147
Bauamt 23 f.
Bauaufsichtsbehörde 23
Befähigungsnachweis,
Großer *siehe auch* Meister-
pflicht 11, 18
Beruf, freier 15 ff.
Berufshaftpflicht *siehe auch*
Haftungsrisiko 62 ff., 68,
142
Berufsgenossenschaft 21,
108 ff.
Betrieb, kaufmännisch
eingerichteter 139
Betriebsausgaben 41, 152 ff.
Betriebshaftpflicht *siehe
auch* Haftungsrisiko
62 ff., 68
Betriebskrankheit 108
Betriebsprüfung 48, 127,
148 f.
Betriebsräume *siehe* Ge-
schäftsräume
Bundesagentur für Arbeit
21, 35
Bürgschaft *siehe auch* Kredit
57 ff.
– Ausfallbürgschaft 60
– B. auf erstes Anfordern 59
– B., selbstschuldnerische
59
– Höchstbetragsbürgschaft
60
– Mitbürgschaft 59
– Teilbürgschaft 60
– Zeitbürgschaft 60
Büromaterial 124, 153

C

Call-Center-Agent 165 f.
Corporate Design 89 ff.
Corporate Identity 89 ff.

D

Deutsches Mikrofinanz
Institut (DMI) 55
Dienstleistungen 8 ff., 14,
17, 41 f., 65, 93, 128, 147,
165 f.
– für Privathaushalte 8 f.
– für Unternehmen 9 f.
Differenzbesteuerung *siehe*
Umsatzsteuer
Dispokredit 43, 50 ff.

E

Eichamt 22
Eignungsfeststellung *siehe*
Gründungszuschuss
Einkommensteuer *siehe
auch* Steuer 16, 131, 138,
150, 160
Einkommensteuergesetz
(EStG) 16
Einnahmenüberschussrech-
nung (EÜR) *siehe auch*
Steuern 48, 140 ff., 151 f.
Einrede der Vorausklage
siehe Bürgschaft
Einstiegsgeld 35
ELSTER-Verfahren *siehe
auch* Umsatzsteuer 132
Elterngeld 27, 30 f.
Elternzeit 30 f.
Emissionen *siehe auch*
Geschäftsräume 23
Erziehungsurlaub 30
Existenzgründungshilfen 35
Existenzgründungskurs 34

Impressum

Herausgeber

Verbraucherzentrale Nordrhein-Westfalen e. V.
Mintropstraße 27, 40215 Düsseldorf
Telefon: 02 11/38 09-555
Fax: 02 11/38 09-235
E-Mail: publikationen@vz-nrw.de
www.vz-nrw.de

Mitherausgeber

Verbraucherzentrale Bundesverband e. V.
(Adresse --> Seite 169)

Text	Thomas Hammer, Ötisheim
Koordination	Wibke Westerfeld
Lektorat	Mendlewitsch//Text/Buch/Konzept, Düsseldorf
Fachliche Betreuung	Bernd Jaquemoth, Nürnberg
Umschlaggestaltung	Ute Lübbeke, www.LNT-design.de
Gestaltungskonzept	punkt 8, Berlin
Layout	Petra Soeltzer, Düsseldorf
Titelbild	plainpicture/Kniel Synnatzschke
Fotos Innenteil	Fotolia.com: S. 6 © froxx, S. 15 © Beboy, S. 27 © kk-artworks, S. 37 © Fineas, S. 61 © MASP, S. 87 © bluedesign, S. 105 © Pitipong Pimpiset, S. 117 © Popsy, S. 161 © Andreas F., S. 168 © Cmon
Druck	Aalexx Buchproduktion, Großburgwedel gedruckt auf 100 % Recyclingpapier

Redaktionsschluss: April 2014

Noch Fragen?

Unser Plus für Sie!

Die Beratung der Verbraucherzentralen

Hoffentlich haben Ihnen die Informationen in diesem Ratgeber weitergeholfen. Wenn Sie noch Fragen haben ... Die Expertinnen und Experten der Verbraucherzentrale beraten Sie individuell, kompetent und unabhängig:

■ in Ihrer Beratungsstelle vor Ort,
■ am Telefon oder
■ im Internet

! **Wir beraten zum Beispiel zu:**

■ Banken und Geldanlagen
■ Baufinanzierung
■ Energie
■ Ernährung
■ Haushalt, Freizeit, Telekommunikation
■ Kreditrecht, Schuldner- und Insolvenzverfahren
■ Patientenrechte und Gesundheits- dienstleistungen
■ Reiserecht
■ Versicherungen

WWW.

Unter www.verbraucherzentrale.de finden Sie das vollständige Beratungsangebot in Ihrem Bundesland.

Oder Sie nehmen direkt Kontakt mit Ihrer Verbraucherzentrale auf: Die Adressen finden Sie auf Seite 169.

Nutzen Sie unser Beratungsangebot und treffen Sie mit unserer Unterstützung die richtigen Entscheidungen. Wir sind für Sie da!